实验操作技术系列丛书

分子生物学及形态学实验操作技术

主编 贺亚玲 白大章

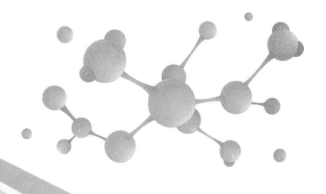

四川大学出版社
SICHUAN UNIVERSITY PRESS

图书在版编目（CIP）数据

分子生物学及形态学实验操作技术 / 贺亚玲，白大
章主编 . — 成都：四川大学出版社，2022.10
　（实验操作技术系列丛书）
　ISBN 978-7-5690-5744-7

　Ⅰ . ①分… Ⅱ . ①贺… ②白… Ⅲ . ①分子生物学－
实验 Ⅳ . ① Q7-33

中国版本图书馆 CIP 数据核字（2022）第 194202 号

书　　名：分子生物学及形态学实验操作技术
　　　　　Fenzi Shengwuxue ji Xingtaixue Shiyan Caozuo Jishu
主　　编：贺亚玲　白大章
丛 书 名：实验操作技术系列丛书

丛书策划：周　艳　蒋　玙
选题策划：周　艳　张　澄
责任编辑：张　澄
责任校对：周维彬
装帧设计：墨创文化
责任印制：王　炜

出版发行：四川大学出版社有限责任公司
　　　　　地址：成都市一环路南一段 24 号（610065）
　　　　　电话：（028）85408311（发行部）、85400276（总编室）
　　　　　电子邮箱：scupress@vip.163.com
　　　　　网址：https://press.scu.edu.cn
印前制作：四川胜翔数码印务设计有限公司
印刷装订：四川五洲彩印有限责任公司

成品尺寸：185 mm×260 mm
印　　张：9.75
字　　数：239 千字

版　　次：2022 年 10 月 第 1 版
印　　次：2022 年 10 月 第 1 次印刷
定　　价：49.90 元

本社图书如有印装质量问题，请联系发行部调换

四川大学出版社
微信公众号

前　言

近年来，高等医药院校的分子生物学及形态学实验课程在教学内容方面进行了较大的改革，本校医学院形态学实验中心下设的本科生实验课程有"病原微生物学""人体寄生虫学""医学免疫学""临床微生物学检验""临床免疫学检验""临床寄生虫学检验""临床检验基础""实验诊断学""医学细胞生物学""遗传学""组织胚胎学""病理学""输血技术"等，研究生实验课程有"医学细胞与分子生物学技术""现代细胞与组织化学技术""感染与免疫"等。实验课程门数多，实验内容种类多。为了加强分子生物学及形态学实验课程的教材建设，方便广大分子生物学及形态学实验教师提高教学质量和教学效率，我们合作编写了这本《分子生物学及形态学实验操作技术》。

本书共分为九章，包括石蜡切片苏木精－伊红染色，冰冻组织切片免疫染色，常用分子实验方法，常用培养基的配制，常用染液的配制及染色法，常用试剂、指示剂、缓冲液的配制，常用洗涤剂和消毒剂，临床常见细菌的菌种保存，玻璃器皿的洗涤。所有内容都突出了实用性、科学性和先进性，集理论与实践、经验与创新于一体，能较好地满足教学需要。编写本书的目的是让从事分子生物学及形态学实验教学与科研的高校教师高效率地准备分子生物学及形态学实验课程。

本书既可用作医学院校、综合性大学本科生和研究生的分子生物学及形态学实验参考用书，也可作为从事分子生物学及形态学实验教学与科研人员的参考用书。

在本书的编写过程中，不仅得到了许多同行的热情鼓励和支持，同时还得到了参编院校教务部门的大力协助，在此表示衷心感谢。

由于学术水平有限，书中不足之处及错误在所难免，希望广大读者批评指正。

贺亚玲

2022 年 7 月

目 录
Contents

目 录
Contents

第一章
石蜡切片苏木精－伊红染色

一、简要介绍

苏木精－伊红染色（Hematoxylin－Eosin staining，H－E staining）简称 H－E 染色，是石蜡切片技术中常用的染色方法之一，利用 H－E 染色，可以使组织细胞结构各部分产生色彩差异，便于观察。苏木精是一种碱性染料，被碱性染料染色的结构具有嗜碱性，主要使细胞核内的染色质与细胞质内的核糖体着紫蓝色；伊红是一种酸性染料，被酸性染料染色的结构具有嗜酸性，主要使细胞质和细胞外基质中的成分着粉红色。H－E 染色是组织学、胚胎学、病理学教学与科研中基本的、使用广泛的技术方法。

二、标本制作要求

（1）尽可能保存组织原有的结构。
（2）透明，可容显微镜下的光线通过。
（3）不同的结构在显微镜下必须能显出不同的影像。
（4）可长期保存以供连续观察。

三、设备用具

切片机、恒温培养箱、熔蜡箱、包埋机、玻璃缸、载玻片、盖玻片、手术刀片、镊子。

四、试剂

10％福尔马林固定液、酒精溶液、二甲苯、石蜡、苏木精染色液、1％盐酸酒精溶液、伊红染色液、中性树脂。

五、操作过程

（一）取材与固定

从人或动物新鲜尸体上取下组织块，组织越新鲜越好，人体组织一般应在死亡后 6 小时以内取下，组织块大小一般不超过 $0.5 cm^3$，投入预先配好的固定液中（如 10％福尔马林固定液）使蛋白质变性凝固，以防止细胞自溶或细菌分解，从而保持组织块本

来的形态结构。

（二）脱水透明

一般用酒精溶液〔70％酒精溶液→80％酒精溶液→90％酒精溶液→95％酒精溶液→100％酒精溶液（无水乙醇）〕作脱水剂，逐渐脱去组织块中的水分。再将组织块置于既溶于酒精溶液又溶于石蜡的透明剂（如二甲苯）中透明，以二甲苯替换出组织块中的酒精溶液之后，才能浸蜡包埋。

（三）浸蜡包埋

将已透明的组织块置于已熔化的石蜡中，放入熔蜡箱保温。待石蜡浸透组织块后进行包埋：先制备好容器（如折叠一小纸盒），倒入已熔化的石蜡，迅速夹取已浸透石蜡的组织块放入其中，冷却凝固成块即成；也可以直接用包埋机包埋组织块。包埋好的组织块变硬后才能在切片机上切成很薄的切片。

（四）切片与贴片

将包埋好的组织块进行修块，一般为长方体，然后固定于切片机上切片，厚度一般为 5～8μm。切片往往有皱褶，要放到加热的水中烫平，再贴到载玻片上，放于 40～45℃恒温培养箱中烘干。

（五）脱蜡

染色前，先脱蜡复水，须用二甲苯脱去切片中的石蜡，然后再经高浓度到低浓度的酒精溶液浸泡，逐步恢复切片的水分，最后浸入去离子水中。具体操作如下：恒温培养箱中拿出切片，依次用二甲苯→100％酒精溶液→95％酒精溶液→90％酒精溶液→80％酒精溶液→70％酒精溶液→去离子水处理。切片复水完毕后即可染色。

（六）染色

（1）将已复水的切片放入苏木精染色液中染色数分钟，用自来水冲洗干净，注意从侧面冲洗。

（2）1％盐酸酒精溶液中分色数秒钟。

（3）流水冲洗，放入去离子水中片刻。

（4）放入伊红染色液中染色 2～3min，用自来水冲洗干净，放入去离子水中。

（七）脱水透明

染色后的切片经低浓度到高浓度的酒精溶液逐次脱水后，再浸入二甲苯中进行透明（70％酒精溶液→80％酒精溶液→90％酒精溶液→95％酒精溶液→100％酒精溶液→二甲苯）。

（八）封固

将已脱水透明的切片从二甲苯中取出，滴上中性树脂，盖上盖玻片封固（注意切片上不要有气泡）。待中性树脂略干后贴上标签，即可使用。

（白大章　贺亚玲）

第二章
冰冻组织切片免疫染色

一、简要介绍

为了确定靶蛋白质在组织中的表达、分布情况以及其所表达细胞的形态，可以将固定液固定后的脑组织切片与能同靶蛋白质发生特异性结合的第一抗体（Primary antibody）共同孵育，然后再与可特异性识别具有种属特性的第一抗体重链部分的第二抗体（Second antibody）共同孵育。第二抗体可以用能催化色原物质的酶进行标记，此种仅能呈现一种靶蛋白质的染色方法称为免疫组织化学染色（Immunohistochemistry staining，IHC）；或者用不同颜色的荧光分子进行标记，可同时呈现多种靶蛋白质的染色方法称为免疫荧光染色（Immunofluorescence staining，IF）。如此一来，研究人员就可以对多个靶蛋白质的组织表达、分布情况进行同步观察，这类利用抗原－抗体特异性识别、结合而进行的染色方法可泛称为免疫染色（Immunol staining）。

二、标本制作要求

（1）免疫染色用的冰冻组织切片厚度要求 $8 \sim 10 \mu m$，且尽可能保存组织原有的结构。

（2）免疫组织化学染色完毕后需要脱水透明，以便增强光线通透性，提升对比效果。

（3）免疫荧光染色后应当尽快封片并镜检，可于4℃短期或−80℃长期保存。

三、设备用具

冰冻切片机、烘片机、普通光学显微镜、荧光显微镜、免疫组化笔、记号笔、包埋盒、小毛笔、载玻片、盖玻片、染缸、湿盒、冰箱、涡旋混匀器、注射器、输液器针头、手术胶带、止血钳、血管夹、剪刀、镊子、泡沫垫、冰盒、培养皿、试管、吸水纸、带盖桌面垃圾桶、摇床、双层定性滤纸、$0.22 \mu m$ 滤膜、移液器、微波炉、烧杯、电子天平、一次性乳胶手套。

四、试剂

异氟烷（Isoflurane）、生理盐水、4％多聚甲醛（Paraformaldehyde，PFA）溶液、30％蔗糖溶液、OCT 包埋剂（Optimal cutting temperature compound）、磷酸盐缓冲液

（PBS）、0.3％曲拉通 X－100（Triton X－100）、3％牛血清白蛋白（Bovine serum albumin，BSA）溶液、3％过氧化氢溶液、免疫组织化学染色试剂盒、免疫荧光染色试剂盒、4',6－二脒基－2－苯基吲哚（4',6－diamidino－2－phenylindole，DAPI）、无水乙醇（100％酒精溶液）、二甲苯、中性树脂、抗荧光淬灭剂、指甲油。

具体配制如下：

（1）4％PFA 溶液。300mL PBS 煮沸，加 20g PFA 溶解后补 PBS 至 500mL，然后用双层定性滤纸过滤，4℃冰箱避光短期保存或－80℃冰箱避光长期保存。

（2）30％蔗糖溶液。150g 蔗糖加 300mL PBS 溶解后补 PBS 至 500mL，然后经0.22μm 滤膜过滤，4℃冰箱保存备用。

（3）0.3％TritonX－100。移液器准确量取 300μL TritonX－100，加入 99.7mL 的PBS 中，并用涡旋混匀器充分混匀。

（4）3％BSA 溶液。3g BSA 粉末加入 50mL PBS 中，待 BSA 粉末溶解后补加 PBS至 100mL。

五、冰冻组织切片制作过程

以小鼠脑组织灌流、包埋及切片为例：

（1）一支 50mL 注射器装冰上预冷的 4％PFA 溶液，另一支 50mL 注射器装生理盐水并用其充盈管路后备用。

（2）将小鼠置于盛有少量异氟烷的带盖桌面垃圾桶中进行麻醉（45~60s）。

（3）用手术胶带将麻醉后的小鼠仰卧位固定到泡沫垫上，左手直镊夹起胸、腹部皮肤，右手持小剪刀于胸骨剑突下缘剪开一小口，然后贴近横膈膜剪开小鼠腹腔。小心剪开横膈膜后纵向开胸，注意不要伤及胸腔内的心脏、肺脏等器官。

（4）用止血钳钳住左、右胸廓下缘，向斜后方翻起胸廓暴露心脏，然后用直镊轻轻夹住心尖，将充盈生理盐水的连接注射器的输液器针头插入亮红色左心尖 3~5mm 并用血管夹夹紧输液器针头，用小剪刀在左心尖对侧上方的右心耳处剪一小缺口，然后缓慢灌注生理盐水至小鼠肝脏、肺脏等器官褪色（需要 25~50mL 生理盐水），注意生理盐水流速不能太快。

（5）小鼠肝脏、肺脏等器官褪色后暂停灌流，用冰上预冷的 4％PFA 溶液继续灌流，灌流至小鼠尾巴翘起后回落，小鼠整体变僵硬（需要 25~50mL 4％PFA 溶液）。

（6）将小鼠转移至培养皿中，用大剪刀剪断颈部脊椎，用小剪刀剪开头皮和颅骨，然后用小弯镊逐步拨开头骨暴露脑组织。

（7）将脑组织转移至 15mL 试管中并加入 14mL 的 4％PFA 溶液（约 10 倍体积于脑组织），然后将其置于 4℃冰箱的摇床上进行后固定（后固定时长不宜超过 24h）。

（8）将固定好的脑组织用 PBS 洗涤一遍，然后转移至 14mL 的 30％蔗糖溶液（约10 倍体积于脑组织）中，并置于 4℃冰箱中的倾斜摇床上过夜，每 24h 更换 1 次 30％蔗糖溶液，直至脑组织在颠倒试管时能快速沉到试管底部（沉塘）。

（9）在包埋盒上用记号笔做好标记并倒入 OCT 包埋剂。将脑组织从 30％蔗糖溶液中取出并用抽纸吸干液体。用弯镊将脑组织转入包埋盒，使脑部中线平行于包埋盒边线，切记不可有气泡，尤其在交界处（枪头吸掉）。用弯镊将脑组织轻轻压入 OCT 包埋剂中后迅速将包埋盒置于冰冻切片机或−80℃冰箱中进行速冻制成包埋块。

（10）包埋块在进行切片前需提前半小时转移到冰冻切片机中复温（−22℃～−18℃）。

（11）将包埋块做好标记后从包埋盒中取出，然后将 OCT 包埋剂堆积在室温冷冻头的中心，并按照所需的切面角度将包埋块压到冷冻头上的 OCT 包埋剂中。将冷冻头和包埋块放到速冻台上速冻。

（12）包埋块固定到冷冻头上后，安装冷冻头和刀片，并进行修片（约50 微米/片）。待脑组织隐约可见后，调整切片厚度至所需厚度（如 8～10 微米/片）。

（13）将符合要求的脑组织切片贴到用记号笔编号的黏附载玻片上，于室温晾干 8h 或烘片机上 37℃烘片 2h 后，存于−80℃冰箱长期保存备用。为方便脑组织切片展平，可事先在黏附载玻片上涂布少许 PBS，利用溶液的表面张力展平脑组织切片。

六、免疫染色操作过程

（一）免疫组织化学染色

（1）从−80℃冰箱中取出脑组织切片，恢复至室温无水汽后用 PBS 浸泡洗涤 3 次，每次 10min，操作过程中切记脑组织切片不能失水干透。

（2）用 3%过氧化氢溶液浸泡脑组织切片 10min，以除去脑组织切片中内源性过氧化物酶对实验结果的干扰，重复浸泡多次（通常为 3×10min），直至无新的气泡产生。

（3）用 0.3% TritonX−100 溶液浸泡脑组织切片，水平摇床上轻摇透膜 1.0～1.5h。

（4）用 PBS 洗去残余的 0.3% TritonX−100 溶液，并用吸水纸擦干载玻片空白处，随后用免疫组化笔圈描出脑组织切片。

（5）向脑组织切片上滴加免疫组织化学染色试剂盒中的封闭液数滴（封装液浸没脑组织切片即可，不易太多，以免晃动溢出），室温条件下轻摇封闭 30min，以降低脑组织非特异性背景信号强度。

（6）为了确保实验结果的可靠性，应设置阴性对照组和阳性对照组。阴性对照组即不添加第一抗体的脑组织切片组，阳性对照组则为以前验证过有阳性信号的脑组织切片组。参考免疫组织化学染色试剂盒说明书用封闭液稀释特异性结合靶蛋白的第一抗体后，浸泡脑组织切片并置于 4℃冰箱中孵育过夜。

（7）翌日，从 4℃冰箱中取出脑组织切片并恢复至室温，然后用 PBS 浸泡洗涤 3 次，每次 10min。

（8）参考免疫组织化学染色试剂盒说明书用封闭液稀释生物素标记第二抗体，室温条件下，用其浸泡脑组织切片并轻摇孵育 1～2h。

（9）用 PBS 浸泡洗涤脑组织切片 3 次，每次 10min。

（10）用免疫组织化学染色试剂盒中的链霉亲和素标记的第三抗体溶液浸泡脑组织切片并轻摇孵育 10min。

（11）用 PBS 浸泡洗涤脑组织切片 3 次，每次 10min。

（12）根据组织切片的数量配制新鲜的 DAB 色原溶液，并用其浸泡脑组织切片进行染色。当脑组织切片呈现明显的亮棕色阳性信号时，即可停止染色（时间太短，阳性信号较弱或缺失；时间太长，背景信号太强使对比效果变差，甚至掩盖阳性信号。染色过程可在普通光学显微镜观察下进行）。

（13）用 PBS 浸泡洗涤脑组织切片 10min，重复洗涤 3 次。然后将脑组织切片置于烘片机上，37℃烘片 2～3h。

（14）将烘干后的脑组织切片依次放入 70％酒精溶液、80％酒精溶液、95％酒精溶液、95％酒精溶液、100％酒精溶液、100％酒精溶液中进行脱水，每个浓度梯度浸泡 5min。

（15）脱水后，将脑组织切片先后两次放入二甲苯中进行透明，每次浸泡 5min。取出脑组织切片，趁二甲苯未挥发尽之前用中性树脂进行封片。

（16）中性树脂封片晾干后可于室温长期保存。

（二）免疫荧光染色

（1）从−80℃冰箱取出脑组织切片，恢复至室温无水汽后用 PBS 浸泡洗涤 3 次，每次 10min，操作过程中切记脑组织切片不能失水干透。

（2）用 0.3％TritonX−100 溶液浸泡脑组织切片，水平摇床上轻摇透膜 1.0～1.5h。

（3）用 PBS 洗去残余的 0.3％TritonX−100 溶液，并用吸水纸擦干载玻片空白处，随后用免疫组化笔圈描出脑组织切片。

（4）向组织切片上滴加 3％BSA 溶液，室温条件下，轻摇封闭 30min，以降低脑组织非特异性背景信号强度。

（5）为了确保实验结果的可靠性，应设置阴性对照组和阳性对照组。两个对照组的要求同免疫组织化学染色。参考免疫荧光染色试剂盒说明书用封闭液稀释特异性结合靶蛋白的第一抗体后，浸泡脑组织切片并置于 4℃冰箱中孵育过夜。

（6）翌日，从 4℃冰箱中取出脑组织切片并恢复至室温，然后用 PBS 浸泡洗涤 3 次，每次 10min。

（7）用 3％BSA 溶液稀释荧光素标记的第二抗体和核酸染料 DAPI，多色共染时须注意，不同的第一抗体之间要具有种属差异，如 anti−NeuN 的第一抗体来源于宿主兔、anti−GFAP 的第一抗体来源于宿主小鼠。红色荧光素标记的针对兔 IgG 重链的第二抗体和绿色荧光素标记的针对小鼠 IgG 重链的第二抗体可以同时将脑组织切片中的神经元和星形胶质细胞分别标记上红色和绿色荧光信号。室温条件下，用其浸泡脑组织切片并轻摇孵育 1～2h。

（8）用 PBS 浸泡洗涤脑组织切片 3 次，每次 10min。

（9）弃尽 PBS 后，用吸水纸擦干载玻片空白处，将抗荧光淬灭剂滴到脑组织切片上并盖上盖玻片。载玻片和盖玻片的周边可以涂抹少许指甲油以固定，防止两者发生位移。

（10）免疫荧光染色后应尽快在荧光显微镜下镜检，避光条件下，4℃冰箱内可保存免疫荧光染色的脑组织切片数周，−80℃冰箱内可保存数月。

（白大章）

第三章
常用分子实验方法

一、感受态细胞的制备和转化

(一) 简要介绍

感受态细胞 (Competent cell) 指通过物理或化学方法诱导细胞吸收周围环境中的 DNA 分子，使其处于适合摄取和容纳外来 DNA 的生理状态。感受态细胞的工作原理是通过物理或化学方法处理使细胞膜的通透性变大，直观来说，就是使细胞膜的表面出现一些孔洞，便于外源基因或载体进入。应注意，由于细胞膜具有流动性，孔洞会被细胞自身修复。

目前，感受态细胞常用氯化钙法进行制备，即用低渗氯化钙溶液在低温 (0℃) 时处理快速生长的细菌，此时细菌膨胀成球形，外源 DNA 分子在此条件下易形成抗 DNA 酶的羟基-钙磷酸复合物，黏附在细菌表面，通过热激作用促进对 DNA 的吸收。转化效率可达 $10^6 \sim 10^7$ 转化子/μgDNA。本方法的关键是选用的细菌必须处于对数生长期，实验操作必须在低温和无菌条件下进行。

(二) 设备用具

冰箱、超净工作台、移液器、灭菌移液器头、恒温培养箱、离心管、低温离心机、无菌滤纸、冰盒、涡旋混匀器、水浴锅、无菌涂布器、一次性乳胶手套。

(三) 试剂

LB 液体及固体培养基、0.1mmol/L 氯化钙溶液、0.1mmol/L 氯化钙溶液 (含 30％甘油)、$10 \sim 15\mu$g/μL 质粒 DNA。

(四) 感受态细胞的制备和转化操作过程

(1) 取 −80℃ 低温冰箱保存的大肠埃希菌菌种，在超净工作台中用移液器吸取少量菌液，接种到 10mL 含对应抗生素的 LB 液体培养基中，37℃ 振荡培养过夜。用划线法接种大肠埃希菌于含对应抗生素的 LB 固体培养基平板上，做好标记，于 37℃ 恒温培养箱培养过夜。

(2) 挑取 LB 固体培养基平板上的大肠埃希菌单菌落接种至 5mL 含对应抗生素的 LB 液体培养基中，培养 6~8h，按照 1∶100 的比例转接至 100mL 含对应抗生素的 LB 液体培养基中，37℃、200~300rpm 振荡培养，待菌液 $OD600$ 为 0.3~0.4 时，无菌条件下将菌液分装至 50mL 离心管中，冰浴 10~15min，4℃、$4000 \times g$ 离心 10min。

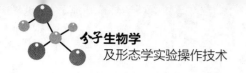

（3）小心将上清液倾倒，并用移液器吸去剩余的上清液。

（4）加 10mL 的 0.1mmol/L 氯化钙溶液（预冷于冰盒中）到离心管中，振荡混匀，悬浮菌体，冰浴 30min。

（5）4℃、4000×g 离心 10min，弃上清液，将离心管倒置于无菌滤纸上 1min，吸干残留的培养液。

（6）加 4mL 预冷的 0.1mol/L 氯化钙溶液（含 30%甘油）重悬，每管 50μL 分装，即得到制备好的感受态细胞，短时间可置于 4℃保存备用，24～48h 内使用效果较好。若暂时不用，可保存于−80℃的冰箱中。

（7）取 1μL 浓度为 10～15μg/μL 的质粒 DNA（若为连接产物，取 1μL），−80℃保存的感受态细胞冰浴于冰盒中，待细胞刚刚解冻，加入 1μL 质粒 DNA，用无菌移液器头小心搅匀，若直接使用感受态细胞则直接加入质粒 DNA 冰浴 30min。

（8）将离心管置于 42℃水浴 90s，然后迅速将离心管插入冰中，冰浴 5min。

（9）向离心管中加入 900μL 不含抗生素的 LB 液体培养基，37℃、200～300rpm 振荡培养 60min。

（10）取 100μL 步骤（9）振荡培养的菌液，用无菌涂布器涂布在含质粒抗性和原感受态细胞抗性的 LB 固体培养基平板上，37℃恒温培养箱中过夜培养。挑取单菌落，利用菌液 PCR 法即可对转化细胞进行鉴定，转化细胞扩大培养后保存即可。

二、鼠尾基因组 DNA 的提取

（一）简要介绍

脱氧核糖核酸（Deoxyribonucleic acid，DNA）作为遗传信息的主要携带者，其核酸序列的细微改变足以引起基因遗传信息的改变，从而造成生命体组织结构、生理功能以及遗传表型（Phenotype）上的巨大变化。现在小鼠这一模型动物已被广泛应用于遗传修饰实验，但不同遗传修饰的小鼠在很多情况下难以通过遗传表型进行直观的判断和鉴定。因此，提取遗传修饰小鼠的 DNA 进行基因型鉴定（Genotyping）是针对遗传修饰小鼠最为准确可靠的鉴别方式，其中鼠尾基因组 DNA 的提取因采集方便、对遗传修饰小鼠损伤小而被广泛采用。

（二）DNA 质量要求

（1）琼脂糖凝胶电泳无明显的弥散条带。

（2）纯 DNA $OD260/OD280 = 1.8$（$OD260/OD280 > 1.8$，表明有 RNA 污染；$OD260/OD280 < 1.8$，表明有蛋白质、酚等的污染）。

（三）设备用具

剪刀、离心管、水浴锅、离心机、移液器、灭菌移液器头、超微量紫外分光光度计、琼脂糖凝胶、一次性乳胶手套。

（四）试剂

鼠尾组织裂解液、6mol/L 氯化钠溶液、酚：氯仿：异戊醇试剂（体积比为 25：24：1）、无水乙醇、75%酒精溶液、1×TE 缓冲液。

具体配制如下：

（1）鼠尾组织裂解液。5mol/L 氯化钠溶液 2mL、2mol/L Tris 0.5mL、0.5mol/L EDTA 5mL、20%SDS 2.5mL 混合，调节 pH 至 8.0，补去离子水至 100mL，高压灭菌后 4℃冰箱保存备用。临用前取适量溶液并向其中补加蛋白酶 K 至终浓度为 500μg/mL 即可。

（2）1×TE 缓冲液。Tris 0.97g、EDTA 0.23g，溶于适量去离子水中，调节 pH 至 8.0，补去离子水至 80mL，高压灭菌后 4℃冰箱保存备用，此为 10×TE 缓冲液。使用时可稀释成 1×TE 缓冲液。

（五）鼠尾基因组 DNA 提取操作过程

（1）剪取出生 21d 的小鼠鼠尾 0.5～1.0cm。置于 1.5mL 离心管中充分剪碎后加入 500μL 的鼠尾组织裂解液。然后置于 55℃水浴锅中消化过夜，其间可颠倒混匀数次。

（2）翌日，将离心管从水浴锅中取出并瞬时离心，然后向离心管中加入 350μL 6mol/L 氯化钠溶液并用手剧烈摇晃混匀 1min。

（3）室温条件下，以离心机最高转速（>12000rpm）离心 10min。

（4）转移上清液到 2mL 离心管中并加入等体积的酚：氯仿：异戊醇试剂，用手剧烈摇晃至乳浊液呈均匀的乳白色。室温条件下，再次以离心机最高转速（>12000rpm）离心 10min。

（5）转移 450μL 的上清液至新的 1.5mL 离心管中并加入 1mL 的无水乙醇（转移上清液时不可吸取有机试剂层，否则会干扰后续实验），然后轻柔颠倒离心管数次。如果 DNA 产量高可见到絮状的固体 DNA，产量低则无肉眼可见物质。

（6）用灭菌移液器头转移丝絮状 DNA 至新的 1.5mL 离心管中并用 1mL 75%酒精溶液洗涤 DNA。或室温条件下，以离心机最高转速（>12000rpm）离心 10min 后弃上清液，然后加入 1mL 75%酒精溶液洗涤 DNA 沉淀。

（7）室温条件下，以离心机最高转速（>12000rpm）离心 10min 后弃上清液，并室温干燥 DNA 沉淀。

（8）根据 DNA 沉淀的量加入 100～400μL 的 1×TE 缓冲液，37℃或 55℃条件下充分溶解 DNA。

（9）用超微量紫外分光光度计检测 DNA 浓度，可用琼脂糖凝胶电泳检测 DNA 的完整性。

（10）提取的鼠尾基因组 DNA 可于 4℃短期或−20℃长期保存。

三、小鼠脑组织总 RNA 提取

（一）简要介绍

核糖核酸（Ribonucleic acid，RNA）通常由脱氧核糖核酸（Deoxyribonucleic acid，DNA）转录生成。RNA 生理功能繁多，可在遗传编码、翻译、调控、基因表达等过程中发挥作用。按 RNA 的功能，RNA 可分为多种类型。比如，信使 RNA（Messenger RNA，mRNA）是遗传信息的"传递者"，能够指导蛋白质的合成。因为 mRNA 有编

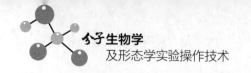

码蛋白质的能力，它又被称为编码 RNA（Coding RNA，cRNA）。而其他没有蛋白质编码能力的 RNA 则被称为非编码 RNA（Noncoding RNA，ncRNA）。ncRNA 经由催化生化反应或通过调控、参与基因表达等过程发挥相应的生理功能。例如，转运体 RNA（Transporter RNA，tRNA）在翻译过程中起转运氨基酸的作用，核糖体 RNA（Ribosomal RNA，rRNA）在翻译过程中起催化肽链形成的作用，小 RNA（Small RNA，sRNA）起到调控基因表达的作用。此外，部分病毒甚至以 RNA 作为遗传物质进行增殖。为了研究基因的功能、蛋白的调控，总 RNA 的研究是十分重要的。

（二）质量要求

（1）琼脂糖凝胶电泳有 28S 和 18S 两条带，且 28S 条带的亮度约为 18S 的 2 倍。

（2）纯 RNA $OD260/OD280$ 应趋近于 2.0。

（三）设备工具

无菌无 RNA 酶离心管、移液器、灭菌移液器头、组织匀浆器、低温离心机、冰箱、涡旋混匀器、水浴锅、一次性乳胶手套。

（四）试剂

TRIzol 试剂、氯仿、异丙醇、75％酒精溶液、无菌无 RNA 酶水或 DEPC 水。

（五）小鼠脑组织总 RNA 提取操作过程

（1）称取 50～100mg 脑组织盛入无菌无 RNA 酶离心管中，并向其中加入 0.3mL 的 TRIzol 试剂，用组织匀浆器匀浆，然后用 TRIzol 试剂补齐至 1mL。

（2）室温静置 5min，以便 TRIzol 试剂将附着于核酸上的核蛋白充分解离。

（3）按照氯仿：TRIzol 试剂＝1：5 的比例，向上述含脑组织的 TRIzol 试剂中加入 0.2mL 的氯仿并手工剧烈振荡，混匀。

（4）室温静置 2～3min 后，4℃、12000×g 离心 15min。

（5）转移上清液至新的无菌无 RNA 酶离心管中，此步骤切忌吸入中间层液体。

（6）按照异丙醇：TRIzol 试剂＝1：2 的比例，向上清液中加入 0.5mL 的异丙醇并手工颠倒混匀。

（7）室温静置 10min 或－20℃冰箱沉降数小时甚至过夜，然后 4℃、12000×g 离心 10min。

（8）用移液器弃尽上清液，然后按照 75％酒精溶液：TRIzol 试剂＝1：1 的比例，加入 1mL 75％酒精溶液并用移液器吹吸或瞬时涡旋洗涤沉淀。

（9）4℃、7500×g 离心 5min，用移液器尽弃上清液后，室温干燥 RNA 沉淀 5～10min（不可干燥过度，否则 RNA 难以溶解）。

（10）用 20～50μL 的无菌无 RNA 酶水或 DEPC 水溶解 RNA 沉淀，如果 RNA 干燥过度需进行 55℃水浴 10～15min 以促进溶解。

（11）RNA 溶液可长期储存于－80℃冰箱备用。

四、聚合酶链式反应

（一）简要介绍

聚合酶链式反应简称 PCR，是由美国科学家 K. B. 穆利斯提出的一种体外简化条件下模拟 DNA 体内复制（解链、引发、延伸、终止）的 DNA 扩增方法。该方法除操作简单外，还具有灵敏、灵活、快速等特点，可将感兴趣的靶序列呈指数级扩增，其原理如图 3-1 所示。

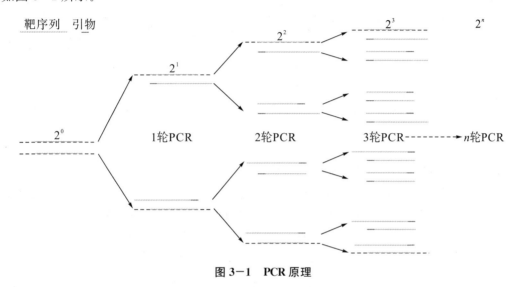

图 3-1　PCR 原理

基础 PCR 主要包括高温变性（Denature）、低温退火（Annealing）、中温延伸（Extend）三个步骤。高温变性指 PCR 反应液中模板 DNA 在 94℃ 及以上高温条件下，双链间的氢键断裂而形成两条游离单链的过程。一半的双链 DNA 解离为游离的单链 DNA 所需的温度称为解链温度（Melting temperature，T_m）。低温退火指当 PCR 反应液的温度下降至 50~60℃ 时，引物与游离的 DNA 单链之间按照 A＝T、G≡C 碱基互补配对原则进行结合的过程。中温延伸指当 PCR 反应液温度回升至 68℃ 或 72℃ 时，DNA 聚合酶以游离单链 DNA 为模板，在引物的引导下，利用反应液中的 4 种脱氧核糖核酸（Deoxy-ribonucleoside triphosphate，dNTP），按照 5'→3' 的方向复制出另一条互补 DNA 链的过程。

PCR 技术现在已广泛用于分子克隆的方方面面，包括但不仅限于 DNA 测序、体外突变、cDNA 克隆、等位基因分析等。由于实验的需求不同，PCR 技术在其原有基础上衍生出许多不同的类型，如梯度 PCR、逆转录 PCR、反向 PCR、锚定 PCR、不对称 PCR、巢式 PCR、降落 PCR、定量 PCR、5' 或 3'-RACE 等。PCR 技术已成为分子实验中不可或缺的重要实验技术。

（二）质量要求

（1）除靶序列外无其他序列被扩增出来，即目的条带单一。

（2）操作过程中不能有样品间的交叉污染，即不能出现假阳性信号。

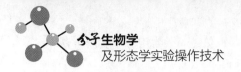

（三）设备工具

PCR 热循环仪、移液器、灭菌移液器头、掌上离心机、离心管、PCR 管、PCR 孔板、冰盒、记号笔、一次性乳胶手套、口罩。

（四）试剂

PCR 引物、常规 PCR 试剂盒。

PCR 引物可使用 Primer、Oligo 等软件或 NCBI 网页进行设计，若 PCR 引物用于载体构建，应在引物的 5' 端添加适当的酶切位点。设计后由生物公司合成引物干粉。按照引物说明书，引物干粉经 5000rpm、室温离心 5min 后，按照容器管壁上的标识加入适量体积的去离子水，彻底混匀后即得 $100\mu mol/L$ 的引物储液，将引物储液稀释 10 倍即可用于 PCR。平时引物储液和工作液均冻存于 -20℃冰箱。

使用常规 PCR 试剂盒时，需注意核实 PCR 试剂盒中的 $10\times$ 缓冲液中是否含有 Mg^{2+}，如果不含则需要自己向 PCR 反应体系中添加适量的氯化镁，Mg^{2+} 浓度从 0.5mmol/L 到 6mmol/L 不等，常用浓度为 1.5mmol/L。

PCR 反应预混合液：为保证 PCR 反应液的均一性和提高实验的效率，在进行一对引物不同样本基因组 DNA 的 PCR 时可以统一配制 PCR 反应预混合液（在常规 PCR 试剂盒中）。通常情况下，需要设置 1 个空白对照和 1 个阳性对照，如有必要还可以加入 1 个阴性对照。另外，还需要考虑移取液体过程中 PCR 反应预混合液的残留问题，所以 PCR 反应预混合液在配制时，往往需要多配制几个 PCR 反应的用量，样本数越多，需要多配制的量也越多。单个 $25\mu L$ PCR 反应体系的配制参考表 3-1。

表 3-1 单个 25μL PCR 反应体系的配制

成分	用量（μL）
ddH$_2$O	17.3
10×缓冲液（+Mg^{2+}）	2.5
2.5mmol/L dNTPs	2.0
10μmol/L Primer forward	1.0
10μmol/L Primer reverse	1.0
Taq enzyme（5U/μL）	0.2
Template DNA（100ng<DNA<500ng）	1.0
合计	25.0

（五）PCR 操作过程

（1）穿实验服，戴口罩和一次性乳胶手套。

（2）将冻存于 -20℃的基因组 DNA、常规 PCR 试剂盒、PCR 引物取出后置于冰上复溶。

（3）将适当数目的 PCR 管置于 PCR 孔板上，并将其置于冰盒中备用。

（4）根据 PCR 反应数及富余量配制 PCR 反应预混合液，充分混匀后，掌上离心机瞬时离心，然后将其分配到冰盒中的各个 PCR 管内。

（5）将复溶好的不同基因组 DNA 逐一加入 PCR 管中，注意更换灭菌移液器头，杜绝样本间的 DNA 污染。

（6）合上 PCR 管盖并用记号笔做好相应的标记，瞬时离心后将 PCR 管放入 PCR 热循环仪中。

（7）设置程序参考表 3-2。

表 3-2　设置程序

程序	时间（速度、次数）
①94℃预变性	5min
②94℃变性	0.5min
③50~60℃退火（最佳 T_m 值需用温度梯度 PCR 摸索）	0.5min
④68℃或 72℃延伸（视酶最佳工作温度而定）	1000bp/min
⑤重复步骤②~④	35 次
⑥68℃或 72℃终末延伸	5min
⑦18℃暂存	∞

（8）将完成 PCR 扩增的样本从 PCR 热循环仪中取出，离心收集管壁液体后取一部分 PCR 产物与核酸电泳上样缓冲液充分混合，即可进行琼脂糖凝胶核酸电泳检测 PCR 扩增效果。

五、核酸电泳

（一）简要介绍

电泳（Electrophoresis）指带电荷的粒子在电场中向其所带电荷性质相反的电极端移动的现象。其作为一种分离、鉴定生物大分子的重要手段，主要依靠生物大分子表面所带电荷和自身质量比值（电荷质量比）的差异来进行物质分离，从而将混合物中具有不同电荷质量比的生物大分子区分开来。其中，凝胶电泳由于其操作简单快速、灵敏度高，已成为核糖核酸、蛋白质研究的标准方法。

（二）质量要求

（1）根据待分离带电荷粒子的大小选择适宜的凝胶浓度，以达到有效分离目的分子的目的。

（2）条带清晰、平直，无明显变形。

（三）设备工具

电泳仪、水平电泳槽、点样孔梳子、塑料模具、微波炉、量筒、容量瓶、三角烧瓶、移液器、灭菌移液器头、凝胶紫外成像仪、磁力搅拌器、一次性乳胶手套、锡箔纸。

（四）试剂

琼脂糖、TAE 电泳工作液、EB 溶液、6×核酸上样缓冲液、核酸 Marker。

具体配制如下：

（1）TAE 电泳工作液。Tris 242g、冰醋酸 57.1mL、EDTA（0.5mol/L，pH 为 8.0）100mL，充分溶解后定容至 1L，室温保存。临用时，取该溶液 20mL 用去离子水稀释至 1L 即为 TAE 电泳工作液。

（2）溴化乙锭（EB）溶液。将 1g 溴化乙锭加入 100mL 去离子水中。用磁力搅拌器搅拌数小时，以确保完全溶解。用锡箔纸包裹，储存容器避光，或将溶液转移至棕色瓶中，室温保存。

（3）6×核酸上样缓冲液。溴酚蓝 0.25g，蔗糖 40g 充分溶于去离子水后定容至 100mL；或溴酚蓝 0.25g，甘油 40mL 充分溶于去离子水后定容至 100mL。短期保存于 4℃，长期保存于 −20℃。上样时，将核酸样本和 6×核酸上样缓冲液按 5：1 的体积比例混合后上样即可。

（五）核酸电泳操作过程

（1）根据核酸样本的片段大小制备适宜浓度的琼脂糖凝胶用于电泳分离，浓度可参考表 3−3，如果电泳的样品为 RNA，需清洁所有的器物并用新配制的试剂，以减少电泳过程中的 RNA 降解。

表 3−3　琼脂糖凝胶浓度与线性 DNA 分辨范围

凝胶浓度（%）	线性 DNA 长度（Base pairs，bp）
0.5	1000~30000
0.7	800~12000
1.0	500~10000
1.2	400~7000
1.5	200~3000
2.0	50~2000

（2）称取 0.3g 琼脂糖，放入三角烧瓶中，加入 30mL 的 TAE 电泳工作液，置于微波炉中加热，取出摇匀，待冷却至 70℃ 以下，加入 3μL 的 EB 溶液（1：10000 加入量），摇匀，即得 1% 浓度的琼脂糖凝胶溶液。

（3）趁热（约 60℃）将琼脂糖凝胶溶液倾倒入洗净擦干并安装好点样孔梳子的塑料模具中，注意不要形成气泡。

（4）待琼脂糖凝胶溶液凝固后，拔出点样孔梳子，将琼脂糖凝胶放入盛有 TAE 电泳工作液的水平电泳槽中，琼脂糖凝胶须完全浸没在 TAE 电泳工作液中。

（5）用移液器将一定量核酸样本和 6×核酸上样缓冲液混合后，依次小心加入电泳孔中，并加入核酸 Marker。

（6）将水平电泳槽与电泳仪进行正、负极对应的连接。由于核酸分子本身带有负电荷，因此，在电场中从负极向正极移动，其移动速度与电压成正比，最高电压不超过5V/cm。电压过高可造成溶液过热而影响电泳分离效果，甚至导致核酸样本降解。

（7）6×核酸上样缓冲液中的溴酚蓝具有前沿指示剂功能，可以根据溴酚蓝的位置判断是否需要终止电泳。

（8）将电泳后的琼脂糖凝胶放入凝胶紫外成像仪中进行紫外线照射，激发 EB 的荧光，通过荧光条带的位置和强度可对核酸样本进行定性和粗略定量。

六、小鼠脑组织总蛋白质的提取和定量

（一）简要介绍

蛋白质（Protein）不仅是生命体组成的主要物质，而且是生命体生理功能的主要"实施者"。蛋白质表达水平的变化可以从组织结构组成和生理功能改变等方面得到体现。遗传修饰动物表型的变化主要是遗传修饰基因蛋白质表达水平的变化。通过对遗传修饰动物组织总蛋白进行提取、鉴定，能够了解特定基因的遗传修饰情况及其编码蛋白的表达情况，从而确定该基因修饰的有效性，为深入研究该基因的功能打下坚实的基础。

（二）质量要求

（1）尽量避免蛋白质提取过程中的降解。
（2）减少核酸大分子的污染。

（三）设备工具

电子分析天平、组织匀浆器、冰盒、超声波破碎仪或 33G 针头注射器、低温离心机、离心管、96 孔板、酶标仪、恒温培养箱、金属浴或水浴锅、冰箱、移液器、灭菌移液器头、一次性乳胶手套。

（四）试剂

RIPA 裂解液、BCA 蛋白质定量试剂盒、5×SDS 上样缓冲液、蛋白酶抑制剂。

具体配制如下：

（1）RIPA（Radio-immunoprecipitation assay）裂解液。各物质按以下终浓度配制 RIPA 裂解液，Tris 50mmol/L、氯化钠溶液 150mmol/L、EDTA 1mmol/L、乙二醇二乙醚二胺四乙酸（EGTA）1mmol/L、十二烷基磺酸钠（SDS）2%、脱氧胆酸盐（DOC）0.5%、Triton X-100 1%，容量瓶定容至 100mL 后分装保存于 4℃冰箱，可能有沉淀析出，室温复温后即可溶解，混匀后使用。临用前加入 1/100 体积的蛋白酶抑制剂 cocktail 和苯甲基磺酰氟（100μg/mL）。

（2）5×SDS 上样缓冲液。2mol/L Tris-HCl（pH 为 6.8）12.5mL、20% SDS 50mL、甘油 30mL、溴酚蓝 20mg、β-巯基乙醇 5mL，加去离子水混匀后定容至 100mL，分装后冻存于-20℃冰箱。

（五）小鼠脑组织总蛋白质提取和定量操作过程

（1）用 1.5mL 离心管称取 1~100mg 的小鼠脑组织样本，按照 100μL/mg 的用量向

15

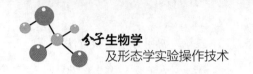

其中加入 RIPA 裂解液（临用前已加入适量蛋白酶抑制剂 cocktail 和苯甲基磺酰氟），并用组织匀浆器在冰盒中进行匀浆。

（2）使用超声波破碎仪，功率 30% 超声 5s 后间隔 5s，重复 3 次；或用 33G 针头注射器吸打组织匀浆 20 次以上，以破碎细胞和剪切核酸大分子。

（3）将匀浆后的小鼠脑组织溶液置于冰盒中裂解 30min 左右，其间可以颠倒混匀数次。

（4）4℃、12000rpm 的条件下离心 10min。

（5）转移上清液至冰上预冷的新的 1.5mL 离心管中。

（6）取少量上述溶液（小鼠脑组织总蛋白质提取液），用 BCA 蛋白质定量试剂盒中的 PBS 进行 10× 稀释后定量，以防超出试剂盒检测上限。

（7）根据样本数量计算 BCA 工作液的用量。标准品加样本之和乘以 3 个复孔，每个样本需消耗 $1 \times 3 \times 200 \mu L$ BCA 工作液，考虑到移液过程中的残留和准确性，需适当增加几个反应的试剂量。

（8）根据 BCA 蛋白质定量试剂盒的说明，配制所需的 BCA 工作液，然后依次将 $10 \mu L$ 标准品、$10 \mu L$ 10× 稀释的小鼠脑组织总蛋白质提取液和 $200 \mu L$ BCA 工作液加入 96 孔板中，并轻轻混匀。

（9）将 96 孔板置于 37℃ 恒温培养箱中，孵育 25min。同时，开启酶标仪预热光源。

（10）按照 BCA 蛋白质定量试剂盒说明书的要求设置酶标仪检测波长，检测各反应孔的吸光度值，并用标准品的吸光度值和蛋白质含量值构建标准曲线，用于计算 10× 稀释的小鼠脑组织总蛋白质提取液中的蛋白质含量。

（11）取适量的小鼠脑组织总蛋白质提取液，用 RIPA 裂解液和 5×SDS 上样缓冲液对其蛋白质浓度进行调整，可调整为 $1 \mu g/\mu L$ 的蛋白质制样。

（12）将调整浓度后的蛋白质制样用金属浴或水浴锅 99℃ 煮沸 10min，然后将蛋白质制样用 SDS-PAG 进行蛋白电泳。

（13）小鼠脑组织总蛋白质提取液需储存于 -80℃ 冰箱，蛋白质制样可以短时间储存于 -20℃ 冰箱。

七、蛋白质免疫印迹分析

（一）简要介绍

印迹一般由凝胶电泳、样品的印迹和固定、特异性条带的检出等三大实验步骤组成。印迹最早由 Edwin Mellor Southern 于 1975 年创立，主要用于 DNA 片段的检测，因此被命名为 Southern blotting，即 DNA 印迹。1977 年，James Alwine 在 DNA 印迹的基础上稍加修改后用于 RNA 研究，并诙谐地将该方法称为 Northern blotting，即 RNA 印迹。1979 年，Harry Towbin 建立了 Western blotting，即蛋白质印迹，该方法主要用于检测抗原，所以也叫作免疫印迹。此外，1982 年，Michael P. Reinhart 将双向凝胶电泳后的蛋白印迹叫作 Eastern blotting。目前除常用的 Southern blotting 和 Western blotting，其他的印迹技术多以研究对象直接命名，如 RNA 印迹、脂多糖印迹等。

（二）质量要求

（1）进行蛋白质样品的印迹时不能有气泡。

（2）蛋白质样品从凝胶转移到膜性支持物上时一定要彻底。

（3）硝酸纤维素薄膜（Nitrocellulose membrane，NC 膜）需洗涤干净，不应有牛奶细颗粒造成的杂信号。

（4）化学发光试剂显影时，内参蛋白质条带不应曝光过强。

（三）设备工具

制胶支架、制胶玻璃板、移液器、灭菌移液器头、点样孔梳子、滤纸、塑料袋、凝胶夹、垂直电泳槽、电泳仪、一次性乳胶手套、转膜槽、冰盒、NC 膜、海绵垫、托盘、磁碾、转膜夹、塑料孵育盒、玻璃板、镊子、手术刀片、圆珠笔、毛笔、倾斜摇床、冰箱、水平摇床、化学发光分析仪、容量瓶。

（四）试剂

去离子水、1.5mol/L 和 1mol/L Tris 缓冲液、30％丙烯酰胺－甲叉双丙烯酰胺溶液（30％Acr 溶液）、20％SDS 溶液、10％过硫酸铵（APS）溶液、四甲基乙二胺（TEMED）溶液、1×Tris・甘氨酸电泳液、预染色蛋白质 Marker、1×转膜液、1×TBST 缓冲液、5％脱脂牛奶、3％BSA 溶液、化学发光试剂工作液。

具体配制如下：

（1）10％APS 溶液。称取过硫酸铵 1g，用去离子水溶解并用容量瓶定容至 10mL。分装溶液保存于 4℃冰箱，可稳定 2~3 周。

（2）10×Tris・甘氨酸电泳液。称取 Tris 30.2g、甘氨酸 188g、SDS 10g，加去离子水充分溶解后用容量瓶定容至 1L，室温保存。临用时取该溶液（10×Tris・甘氨酸电泳液）100mL，补去离子水至 1L 混匀后即得 1×Tris・甘氨酸电泳液。

（3）1×转膜液。称取 Tris 30.25g、甘氨酸 144g、SDS 1g，加去离子水充分溶解后定容至 1L，室温保存。临用时取该溶液（10×转膜液）100mL、甲醇 200mL、去离子水 700mL，充分混匀后即得 1×转膜液。该溶液需提前配制好后置于 4℃冰箱冷藏，因为转膜液稀释过程会放大量的热。

（4）1×TBST 缓冲液。称取 Tris 30g、氯化钠 88g、氯化钾 2g，加去离子水充分溶解并调节 pH 至 7.4，用容量瓶定容至 1L 后进行高压灭菌，室温保存备用。临用时取该溶液（10×TBST 缓冲液）100mL、吐温－20 1mL，补去离子水至 1L，充分混匀后即得 1×TBST 缓冲液。

（5）3％BSA 溶液。称取 1.5g 牛血清白蛋白粉末溶于 50mL 1×TBST 缓冲液中，4℃冰箱冷藏。

（6）5％脱脂牛奶。称取 2.5g 脱脂奶粉溶于 50mL 1×TBST 缓冲液中，4℃冰箱冷藏。

（五）蛋白质免疫印迹分析操作过程

1. 配制十二烷基磺酸钠－聚丙烯酰胺凝胶（Sodium dodecyl sulfonate－polyacrylamide gel，SDS－PAG）。

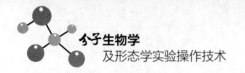

（1）根据所需分离的蛋白质分子量大小选择适宜的胶浓度，并进行 SDS－PAG 制备，SDS－PAG 成分见表 3－4。

表 3－4　SDS－PAG 成分

成分	分离胶（20mL）									浓缩胶（5mL）
	4%	5%	6%	7%	8%	10%	12%	15%	17%	5%
去离子水（mL）	12.30	11.70	11.00	10.40	9.70	8.33	7.00	5.00	4.50	3.00
1.5mol/L Tris 缓冲液（pH8.8）（mL）	5	5	5	5	5	5	5	5	5	—
1.0mol/L Tris 缓冲液（pH6.6）（mL）	—	—	—	—	—	—	—	—	—	1.25
30%Acr 溶液（mL）	2.70	3.33	4.00	4.70	5.30	6.70	8.00	10.00	10.50	0.615
20% SDS 溶液（μL）	100	100	100	100	100	100	100	100	100	—
10%APS 溶液（μL）	66	66	66	66	66	66	66	66	66	25
TEMED 溶液（μL）	14	14	14	14	14	14	14	14	14	10

（2）确定 SDS－PAG 的浓度和配方后，首先安装好制胶支架和制胶玻璃板，然后依次添加试剂配制底层分离胶，配制过程中需充分混匀分离胶，但不能有明显的气泡。

（3）用移液器将分离胶加入两块制胶玻璃板之间，注意留出浓缩胶的空间，然后轻柔地加入去离子水以压平底层分离胶。

（4）待底层分离胶凝固后，水层和分离胶层之间将出现明显的分界线。将上层去离子水倒尽并用滤纸小心吸干。

（5）依次添加试剂配制上层浓缩胶，配制过程中需充分混匀浓缩胶，同样不能有明显的气泡。然后，用移液器将浓缩胶加入两块制胶玻璃板之间的分离胶之上。

（6）将点样孔梳子小心地插入两块制胶玻璃板之间的浓缩胶内，注意不要产生气泡。

（7）室温静置 30～45min，待上层浓缩胶凝固后即得可用的 SDS－PAG。SDS－PAG 可用湿润的滤纸包裹后放入塑料袋中，于 4℃冰箱保存一周。

2．SDS－PAG 电泳。

（1）将两块 SDS－PAG 或一块 SDS－PAG、一块挡板夹入凝胶夹，并装放入垂直电泳槽内。然后，在两者之间加满 1×Tris·甘氨酸电泳液，垂直电泳槽内的 1×Tris·甘氨酸电泳液须浸没凝胶夹下缘的铂金导电丝。

（2）将 99℃煮沸 10min 的蛋白质制样（1μg/μL）（见本章前述内容）瞬时离心后室温备用。小心拔出点样孔梳子，然后依次用移液器吸取预染色蛋白质 Marker 和蛋白质制样并加入上样孔中（通常每孔上样 20～25μL）。注意动作要轻柔以避免蛋白质制样漂样或溢出。

（3）确认垂直电泳槽和电泳仪的正、负极并连接两者。以 80V 的恒定电压对弥散的蛋白质制样进行压缩。

（4）蛋白质制样经过浓缩胶进入分离胶后，首先被压缩为一条平直的窄带。此时，将电泳仪电压调整为 120V 继续电泳，直至预染色蛋白质 Marker 的分离状态符合实验需求。

3. SDS-PAG 印迹。

（1）戴上一次性乳胶手套将盛有适量 1×转膜液的转膜槽置于冰盒中预冷备用。然后将 NC 膜和滤纸裁剪成略大于 SDS-PAG 的长方形。

（2）将海绵垫、滤纸和 NC 膜置于盛有预冷 1×转膜液的托盘中浸润，并用碳碾排除气泡。然后小心取出 SDS-PAG 放入同一托盘中，并按图 3-2 叠放海绵垫、滤纸、NC 膜和 SDS-PAG。

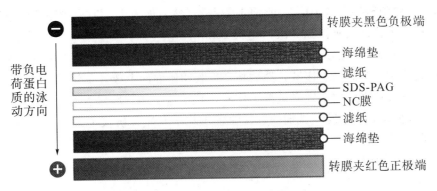

图 3-2 转膜夹中的物品放置顺序

（3）将转膜夹锁紧后插入到电泳转膜槽内，并补充 1×转膜液至电泳转膜槽溢出口下缘。核对转膜槽和电泳仪正、负极后接通电源。

（4）恒压 100V，在冰浴中电泳 90min 即可将 SDS-PAG 中的蛋白质转移到 NC 膜上。如果蛋白质分子量大，转膜时间可以适当延长；反之，则缩短。

4. 靶蛋白质分子的检测。

（1）准备清洁的、与 NC 膜数目相对应的塑料孵育盒，盛装适量 1×TBST 缓冲液备用。

（2）将转膜夹从转膜槽中取出。小心剥离滤纸后，将 NC 膜和 SDS-PAG 转移到玻璃板上，并用手术刀片顺着 SDS-PAG 的边缘切割多余的 NC 膜。

（3）用镊子小心剥离 NC 膜和 SDS-PAG。NC 膜可以切角或用圆珠笔写字标记好正反面和上样顺序，SDS-PAG 集中回收处理。

（4）将 NC 膜印迹面向上放入盛有 1×TBST 缓冲液的塑料孵育盒中，洗去残留的 1×转膜液和 SDS-PAG，如有必要可用毛笔轻刷 NC 膜印迹面以清除残余 SDS-PAG。

（5）尽弃塑料孵育盒中的 1×TBST 缓冲液，加入适量的 5%脱脂牛奶，以刚好淹没 NC 膜为宜，添加过程不宜直接冲刷 NC 膜印迹面。

（6）室温环境中，将塑料孵育盒置于倾斜摇床上，缓慢摇动 5%脱脂牛奶封闭 30min。其间回收 1×转膜液并保存于 4℃冰箱（可反复使用）。用 3%BSA 溶液稀释识别靶蛋白质的第一抗体（稀释比例参考相关说明书、文献或自行摸索），放冰盒中备用。

（7）尽弃塑料孵育盒中的 5%脱脂牛奶，用 1×TBST 缓冲液洗涤 NC 膜，将第一抗体的稀释液加入塑料孵育盒中，以刚好浸没 NC 膜为宜。

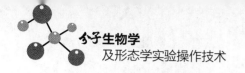
（8）将塑料孵育盒置于4℃冰箱中的倾斜摇床上，轻摇过夜。

（9）翌日，从4℃冰箱取出塑料孵育盒，回收第一抗体的稀释液并冻存于−20℃冰箱（可反复使用）。

（10）向塑料孵育盒中加入1×TBST缓冲液，室温条件下，水平摇床上快速洗涤NC膜10min，更换1×TBST缓冲液再重复洗涤2次。其间用5%脱脂牛奶稀释可特异性识别第一抗体IgG重链、标记有辣根过氧化物酶的第二抗体（稀释比例参考相关说明书、文献或自行摸索）。

（11）尽弃塑料孵育盒中的1×TBST缓冲液，然后将第二抗体的稀释液加入塑料孵育盒中。室温条件下，倾斜摇床上缓慢孵育1h。

（12）尽弃塑料孵育盒中第二抗体的稀释液，然后加入1×TBST缓冲液，室温条件下，水平摇床上快速摇晃洗涤3次，每次10min。

（13）开启化学发光分析仪并调整相应的参数，设置存储空间。按照化学发光试剂说明书配制化学发光试剂工作液，然后将NC膜印迹面向上放置于化学发光分析仪专用平板上，用移液器吸取化学发光试剂工作液，轻柔地、均匀地覆盖于NC膜印迹面。

（14）将覆盖有化学发光试剂的NC膜置于化学发光分析仪中进行靶蛋白质条带的显像和拍照。

（15）实验完毕后清洁设备，收拾垃圾，NC膜需集中回收处理。

（白大章）

第四章
常用培养基的配制

一、氨基酸脱羧酶试验培养基

1. 成分：蛋白胨 5g、酵母浸膏 3g、葡萄糖 1g、1.6％溴甲酚紫酒精溶液 1mL、去离子水。

2. 制备：

(1) 先将蛋白胨、酵母浸膏、葡萄糖加热溶解于去离子水中，调节 pH 至 6.8，再加入 1.6％溴甲酚紫酒精溶液（指示剂），加去离子水至 1000mL。

(2) 分成 4 份，3 份按 0.5％的浓度分别加入 L−赖氨酸、L−精氨酸、L−鸟氨酸，第 4 份为对照，不加氨基酸。调节 pH 至 6.8，分装试管，每管 0.5～1.0mL，每管再加入一薄层液体石蜡（约 5mm），115.6℃（68.95kPa）高压灭菌 15min 备用。

3. 用途：用于氨基酸脱羧酶试验，鉴定肠杆菌科、弧菌科细菌。

4. 注。

(1) 接种：将待检菌接种于培养基试管，同时接种对照管 1 支。并用灭菌的液体石蜡覆盖，置 35℃培养 18～24h。阳性菌初期由于细菌发酵葡萄糖产酸，使培养基呈黄色，若继续培养，氨基酸经脱羧产生胺类使培养基变碱，呈紫色或紫红色。阴性则呈黄色或不变色。

(2) 质量控制。①赖氨酸脱羧酶：迟缓爱德华菌阳性，弗劳地枸橼酸菌阴性。②鸟氨酸脱羧酶：产气肠杆菌阳性，弗劳地枸橼酸菌阴性。③精氨酸脱羧酶：鼠伤寒沙门菌阳性，普通变形杆菌阴性。

二、苯丙氨酸脱氨酶试验培养基

1. 成分：酵母浸膏 3g、DL−苯丙氨酸（或 L−苯丙氨酸）2g、无水磷酸氢二钠 1g、氯化钠 5g、琼脂 12g、去离子水。

2. 制备：将上述成分加热溶解于去离子水中，调节 pH 至 7.4，加去离子水至 1000mL，分装试管，每管 2mL，121.3℃（103.43kPa）高压灭菌 15min，制成斜面，凝固后于 4℃冰箱保存备用。

3. 用途：用于苯丙氨酸脱氨酶试验，鉴定变形杆菌。苯丙氨酸脱氨酶为变形杆菌属、普罗威登斯菌属和摩根菌属所特有，可与肠杆菌科及其他细菌区别。也有助于种的鉴别，如苯丙酮酸莫拉菌呈阳性，其他莫拉菌属的菌种呈阴性。

4. 注。

（1）接种：取 18~24h 培养物，大量接种于培养基斜面上，35℃培养 18~24h 后在培养基试管中加入 100g/L 三氯化铁试剂 4~5 滴，转动试管使试剂布满斜面，阳性者呈绿色，阴性者呈黄色。

（2）质量控制：普通变形杆菌 ATCC 13315 阳性；大肠埃希菌 ATCC 25922 阴性。

（3）苯丙氨酸脱氨酶试验须在加入三氯化铁试剂后立即观察，因绿色易很快褪去，无论阳性或阴性，都必须在 5min 内做出结果判断。

（4）将试管转动，让三氯化铁试剂流动，可使反应较快，颜色亦较明显。

（5）保存：该培养基置 4℃冰箱保存，2 周内用完。三氯化铁试剂可保存 3 个月。

三、丙二酸盐培养基

1. 成分：酵母浸膏 1g、丙二酸钠 3g、氯化钠 2g、硫酸铵 2g、磷酸氢二钾（K_2HPO_4）0.6g、磷酸二氢钾（KH_2PO_4）0.4g、溴麝香草酚蓝 0.025g、葡萄糖 0.25g、去离子水。

2. 制备：先将酵母浸膏和盐类［丙二酸钠、氯化钠、硫酸铵、磷酸氢二钾（K_2HPO_4）、磷酸二氢钾（KH_2PO_4）］溶于去离子水中，调节 pH 至 6.8 后再加入指示剂（溴麝香草酚蓝），加去离子水至 1000mL。分装试管，121.3℃（103.43kPa）高压灭菌 15min，制成斜面备用。

3. 用途：用于测定细菌能否利用丙二酸盐、无机铵盐等生长，生长则使培养基变成碱性而呈蓝色。主要用于下述菌属的鉴定：阳性菌有粪产碱杆菌、亚利桑那菌、克雷伯菌；阴性菌有不动杆菌属、沙门菌属、放线菌属；特别是枸橼酸杆菌，用于属内种的鉴定时，弗劳地枸橼酸菌、异型枸橼酸杆菌等呈阳性，而丙二酸盐阴性枸橼酸杆菌等呈阴性。

4. 注。

（1）接种：取纯培养物接种于培养基斜面上，35℃培养 24~48h。培养基变蓝色为阳性，培养基为绿色或黄色（仅葡萄糖发酵产酸）为阴性。应观察 48h 方可报告。

（2）质量控制：肺炎克雷伯菌 ATCC 27236 阳性；丙二酸盐阴性枸橼酸杆菌阴性。

四、半固体培养基

1. 成分：肉浸液（或肉膏汤）1000mL、琼脂粉 2~5g。

2. 制备：

（1）取已制备好的肉浸液（或肉膏汤），置于三角烧瓶中，加入琼脂粉，加热溶化，调节 pH 至 7.4~7.6。

（2）分装试管，每管 2mL，加上塞子，121.3℃（103.43kPa）高压灭菌 20min。

（3）灭菌后将试管直立，待凝固后即成半固体培养基，置 4℃冰箱保存备用。

3. 用途：保存一般菌种用，并可观察细菌的动力。

五、布氏肉汤

1. 成分：胰酶解酪蛋白 10g、蛋白胨 10g、葡萄糖 1g、酵母浸膏 2g、氯化钠 5g、重亚硫酸钠 0.1g、去离子水。

2. 制备：将上述成分加热溶解于去离子水中，调节 pH 至 6.8~7.2，加去离子水至 1000mL，分装试管，每管 4mL，121.3℃（103.43kPa）高压灭菌 15min，4℃冰箱保存备用。

3. 用途：用于培养弯曲菌。

4. 注。

（1）原理：该肉汤有丰富氨基酸和还原性的微需氧状态，有利于弯曲菌生长。

（2）接种：取血液或脑髓液标本接种于培养基试管中，每份标本接种 2 管，接种标本量与培养基的比例为 1∶10，然后分别置 25℃、35℃的含 5％氧气、85％氮气、15％二氧化碳的环境中，培养 48h 观察结果。若培养基内菌落呈均匀浑浊生长，则取培养物进行涂片染色镜检，并同时分离接种于改良弯曲菌落血琼脂平板上进行培养鉴定。

（3）布氏琼脂即每升该肉汤中加入 12g 琼脂粉。

（4）该肉汤主要用于血液、脑脊液标本的增菌培养。

（5）保存：置 4℃冰箱内 1~2 个月有效。

六、醋酸铅琼脂培养基

1. 成分：蛋白胨 10g、牛肉膏 3g、氯化钠 5g、硫代硫酸钠 2.5g、琼脂 12g、10％醋酸铅溶液 10mL、去离子水。

2. 制备：将上述成分加热溶解于去离子水中，加去离子水至 1000mL，分装于三角烧瓶中，每瓶 100mL，115.6℃（68.95kPa）高压灭菌 15min，冷却至 50℃左右时每瓶加入过滤除菌的 10％醋酸铅溶液 1mL，混匀，分装试管，每管 3~4mL，冷却备用。

3. 用途：用于检测细菌产生硫化氢的能力。某些细菌能分解培养基中的含硫氨基酸产生硫化氢，硫化氢遇铅形成黑褐色的硫化铅沉淀。

4. 注：醋酸铅与硫代硫酸钠不宜久热。

七、醋酸盐试验培养基

1. 成分：醋酸盐 2g、氯化钠 5g、硫酸镁 2g、磷酸氢铵 1g、磷酸氢二钾 1g、琼脂 20g、2g/L 溴麝香草酚蓝溶液 12mL、去离子水。

2. 制备：将上述固体成分加热溶解于去离子水中，调节 pH 至 6.8，然后加 2g/L 溴麝香草酚蓝溶液，加去离子水至 1000mL，121.3℃（103.43kPa）高压灭菌 15min，制成斜面备用。

3. 用途：用于肠杆菌科的鉴定。

4. 注。

（1）接种：将待检菌接种到培养基斜面上，35℃培养 7d，每天观察 1 次。培养基由绿色变为蓝色为阳性。

（2）质量控制：大肠埃希菌 ATCC 25922 阳性；宋内志贺菌 ATCC 11060 阴性。

（3）试验菌株要新鲜。

（4）阴性菌要观察至第 7 天方可报告。

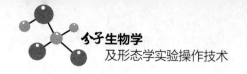

八、蛋白胨水培养基

1. 成分：蛋白胨（或胰蛋白胨）10g、氯化钠 5g、去离子水。

2. 制备：将上述成分溶于去离子水中，调节 pH 至 7.4，加去离子水至 1000mL，分装试管，每管 2~3mL，121.3℃（103.43kPa）高压灭菌 15min，低温保存备用。

3. 用途：

（1）供细菌靛基质（吲哚）试验用。

（2）用于一般细菌的培养和传代。

（3）作为糖发酵管的基础液。

4. 注。

（1）原理：蛋白胨含有色氨酸，能被有些细菌利用而形成靛基质，与对二甲基氨基苯甲醛缩合成红色的玫瑰吲哚，而不能利用色氨酸的细菌则无此反应，故可鉴别细菌。因含有蛋白胨和氯化钠，故可供一般培养和传代。

（2）质量控制：将待检菌接种于培养基试管内，经 35℃ 培养 18~24h。大肠埃希菌，生长极好，靛基质（＋）；伤寒沙门菌，生长良好，靛基质（－）；金黄色葡萄球菌，生长良好，靛基质（－）。大肠埃希菌 ATCC 25922 阳性；肺炎克雷伯菌阴性。

（3）试剂配制。①靛基质柯氏试剂：对二甲基氨基苯甲醛 5g 溶于异戊醇（或正丁醇）75mL 中，待冷却后慢慢加入浓盐酸溶液 25mL。②欧氏试剂：对二甲基氨基苯甲醛 1g 溶于 95％酒精溶液 95mL 中，溶解后慢慢加入浓盐酸溶液 20mL。③色氨酸滴板法试剂：L－色氨酸 0.1g 溶于 100mL（pH6.8）0.01mol/L PBS 中。

（4）接种：将待检菌接种于培养基试管中，35℃ 培养 18~24h，在培养物液面徐徐加入上述试剂数滴，阳性者立即呈玫瑰红色，阴性者呈黄色。

（5）靛基质试验方法还有试纸悬挂法、色氨酸滴板法及斑点法，请参阅有关资料。

（6）选用的蛋白胨一定要含有丰富的色氨酸，否则不能应用。

（7）国内多采用靛基质柯氏试剂。

九、糖（苷、醇）发酵培养基

1. 成分：蛋白胨 10g、氯化钠 5g、糖（苷、醇）10g、1.6％溴甲酚紫酒精溶液 1mL、去离子水。

2. 制备：

（1）将上述成分溶于去离子水中，调节 pH 至 7.6，加去离子水至 1000mL，分装试管，115.6℃（68.95kPa）高压灭菌 15min，如需观察产气，可于每一试管中加倒立小试管一支，或将培养基制成半固体。

（2）针对糖（苷、醇），葡萄糖、甘露醇、侧金盏花醇、肌醇和水杨苷等可在灭菌前加入培养基内，阿拉伯糖、木糖和各种双糖则必须过滤除菌后加入灭菌的培养基内。

（3）用于厌氧菌培养时加入维生素 C 0.1g、硫乙醇酸钠 0.5g 和 L－半胱氨酸 0.25g。

3. 用途：主要用于革兰阴性杆菌的鉴别，测定细菌对各种糖（苷、醇）的发酵能力。

4. 注。

（1）加有倒立小试管的试管上标记红、黄、蓝、白、黑五色，分别代表葡萄糖、乳糖、麦芽糖、甘露醇和蔗糖。

（2）若加有倒立小试管，高压灭菌后液体可充满整个倒立小试管。若细菌培养后能分解该种糖（苷、醇），产气后可积聚在倒立小试管中，形成可见的气泡。

（3）细菌产酸使 pH 下降，培养基由紫色转变成黄色。

十、胆汁葡萄糖肉汤

1. 成分：新鲜猪或牛胆汁 500mL、葡萄糖 5g、营养肉汤 500mL。

2. 制备：将葡萄糖溶于营养肉汤，葡萄糖营养肉汤和新鲜猪或牛胆汁分别于 115.6℃（68.95kPa）和 121.3℃（103.43kPa）高压灭菌 15min 后等量混合，分装试管，每管 10mL，无菌试验后使用。

3. 用途：用于可疑沙门菌属细菌感染患者的血液增菌，每管接种血液 2.5mL。

十一、胆汁－七叶苷培养基

1. 成分：牛肉膏 3g、蛋白胨 5g、七叶苷 1g、枸橼酸铁铵 0.5g、牛胆粉 40g、琼脂 15g、去离子水。

2. 制备：将上述成分混合后加热溶解于去离子水中，调节 pH 至 7.0，加去离子水至 1000mL，分装试管后经 115.6℃（68.95kPa）高压灭菌 15min，趁热制成斜面后备用。

3. 用途：用于 D 群链球菌、肠球菌及厌氧菌等细菌的鉴定。

4. 注。

（1）接种：将待检菌接种到培养基斜面上，35℃培养 18~24h，观察结果。培养基变为黑色或棕色者为阳性，不变色者为阴性。

（2）质量控制：粪肠球菌 ATCC 29212 阳性；化脓性链球菌 ATCC 19615 阴性。

十二、40%胆汁肉汤培养基

1. 成分：蛋白胨 10g、氯化钠 5g、牛肉膏 5g、新鲜胆汁（猪或牛）400mL、去离子水 600mL。

2. 制备：

（1）取新鲜猪或牛的胆若干只，取胆汁后用纱布过滤，装于瓶中 115.6℃（68.95kPa）高压灭菌 20min，冷却后置 4℃冰箱内，翌日取出，吸取上清液［即新鲜胆汁（猪或牛）］备用。

（2）先将蛋白胨、牛肉膏、氯化钠加热溶解于去离子水中，调节 pH 至 7.6，加入新鲜胆汁（猪或牛）混匀后，分装试管，每管 3mL，115.6℃（68.95kPa）高压灭菌 20min，4℃冰箱保存备用。

3. 用途：用于链球菌属的鉴别。

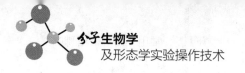

4. 注。

（1）接种：将待检菌接种于培养基试管中，35℃培养 24～48h，观察有无细菌生长。阳性菌呈颗粒状生长，上液澄清，管底有沉淀；阴性菌则不生长。

（2）质量控制：粪肠球菌 ATCC 29212 阳性；化脓性链球菌 ATCC 19615 阴性。

（3）若为初次观察或培养基本身不易观察，可转种血琼脂平板。

十三、淀粉琼脂平板

1. 成分：蛋白胨 5g、牛肉膏 3g、琼脂（肉汤培养基中不加）20g、氯化钠 5g、淀粉 20g、小牛血清 50mL、去离子水。

2. 制备：

（1）将蛋白胨、牛肉膏、琼脂（肉汤培养基中不加）、氯化钠加入 500mL 去离子水中，缓慢加热溶解，制成基础培养基。

（2）再将淀粉溶于 250mL 去离子水中。淀粉微溶于水，并不耐热，切勿煮沸过度，防止淀粉水解。

（3）将上述两种溶液合并混匀，调节 pH 至 7.2，加去离子水至 1000mL，121.3℃（103.43kPa）高压灭菌 15min，倾注无菌平板备用。

3. 用途：供淀粉水解试验用。用于链球菌和白喉棒状杆菌的分型鉴定。

4. 注。

（1）接种：取 18～24h 纯培养物接种于该平板上，一般可接种几个培养物，35℃培养 18～24h 或者直至出现足够的生长物。将 Lugol 碘液直接加到培养过的平板上，平板呈深蓝色，菌落周围有透明圈为阳性，菌落周围无透明圈为阴性。

（2）质量控制：无乳链球菌阳性；产气肠杆菌阴性。

（3）倾注好的平板不能直接放冰箱中保存，否则会变为不透明，影响结果判断。建议置于带螺旋帽的试管中保存，临用时加热溶解倾注无菌平板，冷却后使用。

（4）淀粉酶在 pH 低于 4.5 时不稳定。

（5）配制时，避免过热，否则淀粉颗粒自动分解导致假阳性结果。

（6）Lugol 碘液配制：①贮存液。将碘化钾 10g 溶于 100mL 去离子水中，缓慢加入 5g 结晶碘不断研磨振荡直至溶解，装入棕色瓶中。②应用液。用去离子水将贮存液以 1∶5 的比例稀释，分装于棕色瓶中，每隔 1 个月需重新配制 1 次，溶液呈深黄色。

（7）保存：该平板置 4℃冰箱保存，2 周内用完。Lugol 碘液易于褪色，使用前应进行质量控制。

十四、动力－吲哚－尿素培养基

1. 成分：蛋白胨 10g、氯化钠 5g、葡萄糖 1g、磷酸二氢钾 2g、琼脂 2g、0.4％酚红水溶液 2mL、20％尿素水溶液 100mL、去离子水。

2. 制备：将上述固体成分加热溶解于去离子水中，调节 pH 至 7.0，加入 0.4％酚红水溶液，加去离子水至 1000mL，115.6℃（68.95kPa）高压灭菌 15min，待冷却至 80～90℃时，采用无菌操作加入已过滤除菌的 20％尿素水溶液，混匀后分装试管，每管 3mL，直立放置待凝固，4℃冰箱保存备用。

3. 用途：用于细菌的复合生化（动力－吲哚－尿素）试验，如用于肠杆菌科细菌的初步鉴定，亦可用于副溶血性弧菌及气单胞菌属的初步鉴定。

十五、放线菌酮－氯霉素琼脂培养基

1. 成分：蛋白胨 10g、放线菌酮 500mg（溶于 10mL 丙酮中制成放线菌酮丙酮液）、葡萄糖 40g、氯霉素 50mg（溶于 10mL 的 95％酒精溶液中制成氯霉素酒精液）、琼脂 20g、去离子水。

2. 制备：将蛋白胨、葡萄糖、琼脂溶于去离子水中，加去离子水至 1000mL，121.3℃（103.43kPa）高压灭菌 10min 后，加入氯霉素酒精液和放线菌酮丙酮液，分装，备用。

3. 用途：用于浅部真菌的培养。

十六、改良 Campy－BAP 培养基

1. 成分：蛋白胨 10g、胰蛋白胨 10g、葡萄糖 1g、酵母浸膏 2g、氯化钠 5g、重亚硫酸钠 0.1g、琼脂 15g、无菌脱纤维羊血 50mL，抗生素（万古霉素 10mg、多黏菌素 B 2500IU、两性霉素 B 2mg、头孢菌素 15mg）、去离子水、甲氧苄氨嘧啶（TMP）5mg。

2. 制备：

（1）将上述成分（琼脂、抗生素、无菌脱纤维羊血除外）加入去离子水中，加热溶解，调节 pH 至 7.2，加入琼脂，加去离子水至 1000mL，即为布氏琼脂基础培养基。

（2）121.3℃（103.43kPa）高压灭菌 20min，待冷却至 55℃左右时加入无菌脱纤维羊血和抗生素，充分混匀，倾注无菌平板，4℃冰箱保存备用。

3. 用途：用于分离培养弯曲菌属。

4. 注：

（1）TMP 和抗生素称量必须正确，操作必须慎重小心。

（2）接种：取标本划线接种于平板上，置 42℃的 5％微需氧环境中培养过夜。

（3）质量控制：大肠埃希菌 ATCC 25922，不生长；粪肠球菌 ATCC 22186，不生长；空肠弯曲菌胎儿亚种 ATCC 29424，生长良好。

（4）置微需氧环境中或 10％ CO_2 环境中培养。

十七、改良 Cary－Blair 运送培养基

1. 成分：硫乙醇酸钠 1.5g、氯化钠 5g、磷酸氢二钠 0.1g、亚硫酸钠 0.1g、琼脂 5g、L－半胱氨酸 0.5g、1％氯化钙水溶液 9mL、0.025％刃天青水溶液 4mL、去离子水。

2. 制备：

（1）将上述成分（L－半胱氨酸、1％氯化钙水溶液、0.025％刃天青水溶液除外）混合，加热溶解于去离子水中，通入 CO_2 至溶液冷却，加入 L－半胱氨酸、1％氯化钙水溶液，调节 pH 至 8.4。

27

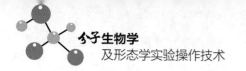

（2）再加入 0.025% 刃天青水溶液，摇匀，加去离子水至 1000mL，分装于带胶塞的灭菌小瓶中，同时充氮，密封，抽取瓶中氮气，连续充氮 3 次，再充入 CO_2，最后进行流动蒸汽间歇灭菌，备用。

3. 用途：用于含微生物样品的采集、运送和保存，特别是空肠弯曲菌、霍乱弧菌、副溶血性弧菌、沙门菌和志贺菌等。用于运送厌氧菌标本。

4. 注。

（1）原理：该培养基具有抗氧化和缓冲作用，能延长病原菌的存活时间。该培养基几乎无营养成分，但能维持氧化还原较低的电势及稳定的 pH，有利于厌氧菌的生存。适用于标本长途运送，但保存时间不能超过 72h。

（2）接种：用灭菌棉签或吸管取待检标本 0.5g 或 1.0～1.5mL，立即加入培养基中，密封管或瓶口，注明标本名称和标本号后迅速送实验室进行检验。

（3）质量控制：培养基应呈无色半固体状。产芽胞梭菌在此培养基中存活良好。

十八、甘氨酸培养基

1. 成分：布氏肉汤 1000mL、甘氨酸 10g、琼脂 1.6g。

2. 制备：将上述成分混合加热，调节 pH 至 7.0，分装试管，每管 4mL，121.3℃（103.43kPa）高压灭菌 15min，4℃冰箱保存备用。

3. 用途：用于鉴定弯曲菌。

十九、甘露醇发酵培养基

1. 成分：蛋白胨 10g、牛肉膏 5g、氯化钠 5g、甘露醇 10g、溴麝香草酚蓝 0.024g、去离子水。

2. 制备：

（1）将上述成分（甘露醇、溴麝香草酚蓝除外）溶于去离子水中，加热后溶解，调节 pH 至 7.4。

（2）加入甘露醇和溴麝香草酚蓝，加去离子水至 1000mL，摇匀分装到加有倒立小试管的试管中，115.6℃（68.95kPa）高压灭菌 15min，冷藏备用。

3. 用途：用于鉴定致病性葡萄球菌。

4. 注：

（1）溴麝香草酚蓝也叫溴百里香酚蓝，它的分子式为 $C_{27}H_{28}O_5Br_2S$，分子量为 624.38，pH 变色范围为 6.0（黄色）～7.6（蓝色）。

（2）分装试管时，液体一定要没过倒立小试管，不能产生气泡。

（3）此培养基较糖（苷、醇）发酵培养基除指示剂不同外，营养成分多了牛肉膏，营养成分更全面，所以发酵反应时间较短。

二十、肝浸液及肝浸液琼脂

1. 成分：牛肝或猪肝 500g、蛋白胨 10g、氯化钠 5g、去离子水。

2. 制备：

(1) 将新鲜的牛肝或猪肝洗净，除去脂肪、浆膜、大血管、肝胆总管，绞碎，置铝制容器内，加去离子水 500mL，经流动蒸汽灭菌 30min，取出摇匀后再经流动蒸汽灭菌 90min。

(2) 用数层纱布或绒布过滤。滤液中加入蛋白胨、氯化钠，加热溶解，调节 pH 至 7.0，加去离子水至 1000mL，再经流动蒸汽灭菌 30min。

(3) 用滤纸过滤，分装，高压灭菌 121.3℃（103.43kPa）15min，即成肝浸液。

(4) 每 100mL 肝浸液中加入 2~3g 琼脂，即成肝浸液琼脂。

3. 用途：用于对营养要求较高的细菌培养。如适用于培养布鲁菌属的细菌，在 10%CO_2 环境下培养更佳。

4. 注。原理：肝除了含有丰富的营养成分，如蛋白质、碳水化合物及无机盐，还含有胆固醇、铁化合物、血红蛋白等细菌生长因子，有利于细菌的生长繁殖。

二十一、高盐甘露醇琼脂

1. 成分：蛋白胨 10g、牛肉膏 1g、氯化钠 25g、琼脂 20g、甘露醇 10g、0.1%酚红水溶液 25mL、去离子水。

2. 制备：

(1) 将上述成分（甘露醇、0.1%酚红水溶液除外）加热溶解于去离子水中，调节 pH 至 7.4。

(2) 加入甘露醇和 0.1%酚红水溶液，摇匀，加去离子水至 1000mL，分装，115.6℃（68.95kPa）高压灭菌 15min，待冷却至 50~60℃时倾注无菌平板，凝固后冷藏备用。

3. 用途：用于致病性葡萄球菌的分离培养。

4. 注。

(1) 原理：致病性葡萄球菌耐盐性强，可以发酵甘露醇，在 25g/L 含盐量的甘露醇琼脂平板上能生长，并形成橙黄色菌落，0.1%酚红水溶液（指示剂）起显色作用。而凝固酶阴性葡萄球菌不发酵甘露醇，呈现红色菌落，微球菌及大部分革兰阴性杆菌基本不生长，因此该琼脂起选择性分离和鉴别作用。

(2) 接种：取待检标本或增菌培养物划线接种于平板上，35℃培养 18~24h。观察结果，挑取橙黄色菌落，接种营养琼脂斜面，经培养后做涂片和其他生化鉴定。

(3) 质量控制：金黄色葡萄球菌，生长，菌落呈黄色，直径>1.0mm；表皮葡萄球菌，生长，菌落呈红色，直径>1.0mm；普通变形杆菌、大肠埃希菌，基本不生长。

二十二、哥伦比亚血琼脂

1. 成分：胰酪蛋白胨 12g、牛肉蛋白胨 15g、玉米淀粉 1g、氯化钠 5g、黏菌素

10mg、萘啶酸 15mg、琼脂粉 12g、无菌脱纤维羊血 50mL、去离子水。

2. 制备：将上述成分（无菌脱纤维羊血、黏菌素和萘啶酸除外）加热溶解于去离子水中，调节 pH 至 7.2～7.5，加去离子水至 1000mL，115.6℃（68.95kPa）高压灭菌 15min，待冷至 50℃左右时加入无菌脱纤维羊血、黏菌素和萘啶酸（预先溶于 5mL 去离子水中），混匀，勿产生气泡。倾注无菌平板，凝固后备用。

3. 用途：用于革兰阳性球菌分离。

4. 注。

（1）原理：该培养基内含有萘啶酸和黏菌素，对革兰阴性菌有很强的抑制作用。

（2）接种：取经过增菌的标本或其他标本，直接划线接种于平板上，置 35℃培养 24～48h，观察结果。

（3）质量控制：配成的培养基应呈鲜红色，4℃冰箱放置后可变为暗红色。大肠埃希菌 ATCC 25923，抑制性生长；肺炎链球菌，ATCC 6303，生长良好；化脓性链球菌 ATCC 19615，生长良好。

二十三、缓冲活性炭酵母琼脂培养基

1. 成分：酵母浸膏 10g、活性炭 2g、L－半胱氨酸 0.4g、可溶性焦磷酸铁盐 0.25g、琼脂 17g、N－（2-乙酰氨基）－乙氨基乙醇磺酸（ACES）10g、1mol/L 氢氧化钾溶液 4～5mL、去离子水。

2. 制备：

（1）将上述成分（L－半胱氨酸和可溶性焦磷酸铁盐除外）溶于 980mL 去离子水中，充分混合，加热溶解，121.3℃（103.43kPa）高压灭菌 15min，取出后放于50～55℃水浴中保温。

（2）采用无菌操作加入 L－半胱氨酸溶液和焦磷酸铁溶液各 10mL，充分混匀，加入 1mol/L 氢氧化钾溶液 4～5mL 使培养基的最终 pH 为 6.9，需要时可用 1mol/L 盐酸溶液调节。

（3）倾注无菌平板，冷却后置 4℃冰箱中备用，亦可制成斜面，用于保存菌种。该培养基为黑色。

（4）为了抑制杂菌生长，可选择加入下列抗菌药物：万古霉素 0.5μg/mL、头孢噻吩 4μg/mL、多黏菌素 B 40U/mL、多黏菌素 E 16μg/mL、茴香霉素 80μg/mL、放线菌酮 80μg/mL。

将以上各成分混匀后，倾注无菌平板，质量检测后冷藏备用。

3. 用途：用于嗜肺军团菌的分离培养。

4. 注。

（1）接种：液体标本可直接接种培养基，肺脏、肝脏、脾脏等固体标本需制成 10%悬液后接种培养基，接种后的培养基置 35℃需氧环境培养，恒温培养箱需保持一定的湿度。观察结果，每天用解剖镜检查培养物。用倾斜角略大于 10°的斜射光源照明。培养 4～5d，菌落直径 1～2mm，并出现亮蓝和切削玻璃样的构造，继续培养后菌落增大呈黄绿色，较光滑。

（2）分别配制 L-半胱氨酸溶液（10mL 去离子水中含 0.4g L-半胱氨酸）及焦磷酸铁溶液（10mL 去离子水中含 0.25g 可溶性焦磷酸铁盐），分别经过 0.22μm 孔径的滤菌器过滤除菌。

二十四、缓冲甘油盐水保存液

1. 成分：磷酸氢二钾 3.1g、磷酸二氢钾 1g、氯化钠 44.2g、中性甘油 300mL、0.1% 酚红水溶液 10mL、去离子水。

2. 制备：将磷酸氢二钾、磷酸二氢钾、氯化钠溶于去离子水中，加热溶解，加入中性甘油，充分摇匀，调节 pH 至 7.3～7.5，再加入 0.1% 酚红水溶液（指示剂），加去离子水至 1000mL，分装试管，121.3℃（103.43kPa）高压灭菌 15min，备用。

3. 用途：用于粪便标本的保存和利用。

4. 注。

（1）接种：用灭菌棉签或吸管取待检标本 0.5g 或 1.0～1.5mL，立即加入该培养基中，密封管口，注明名称和标本号，迅速送实验室进行检验。

（2）质量控制：①配成的该培养基应呈橘红色，pH 不得低于 7.2，否则会影响肠道菌的检测。②选用伤寒沙门菌和宋内志贺菌进行存活力的观察，于 35℃ 培养 24h 后存活，方可使用。

二十五、甲苯胺蓝核酸琼脂

1. 成分：胰蛋白胨 15g、植物蛋白胨 5g、脱氧核糖核酸（DNA）2g、氯化钠 5g、甲苯胺蓝 O 0.1g、琼脂 15g、去离子水。

2. 制备：将甲苯胺蓝 O 按 0.1g/L 的浓度加入 DNA 琼脂培养基（除甲苯胺蓝 O 外，上述成分溶于去离子水中，加去离子水至 1000mL，灭菌后制成的培养基即为 DNA 琼脂培养基）中，即成甲苯胺蓝核酸琼脂。因甲苯胺蓝 O 对革兰阳性菌有抑制作用，因此用于葡萄球菌的鉴定时，应将甲苯胺蓝 O 的浓度降低至 0.05g/L，且大量接种。

3. 用途：用于葡萄球菌耐热能力的测定。

二十六、碱性蛋白胨水培养基

1. 成分：蛋白胨 10g、氯化钠 5g、去离子水。

2. 制备：将上述成分溶于去离子水中，调节 pH 至 8.4，加去离子水至 1000mL，分装试管，每管 5～7mL，121.3℃（103.43kPa）高压灭菌 15min，4℃ 冰箱保存备用。

3. 用途：用于霍乱弧菌的增菌培养。

4. 注。

（1）接种：将待检标本接种到碱性蛋白胨水培养基中，37℃ 培养 6～8h，即分离到碱性琼脂、庆大琼脂或 TCBS 琼脂平板上。必要时做第二次增菌 6～8h。水样增菌取 50mL 10 倍浓缩碱性蛋白胨水培养基加水样 450mL，再加入 1% 无菌亚硒酸钾溶液 1mL 和青霉素 100U，置 37℃ 培养过夜，再做第二次增菌 6～8h，做分离培养，观察结果。

经 6~8h 培养，霍乱弧菌呈均匀混浊生长，表面有菌膜出现。

（2）质量控制：霍乱弧菌 El－Tor 生物型，生长良好（6h）；大肠埃希菌 ATCC 25922，抑制生长（6h）；副溶血性弧菌，生长良好。

（3）若在该培养基中加入 1‰无菌亚碲酸钾溶液 0.5~1.0mL/L，则成为亚碲酸钾碱性蛋白胨水培养基，其增菌效果更为理想。

（4）该培养基 pH 较高，故能抑制杂菌生长，有利于霍乱弧菌生长。

（5）该培养基所用的蛋白胨，要有增菌作用才选用。

二十七、碱性琼脂

1. 成分：蛋白胨 10g、牛肉膏 3g、氯化钠 5g、琼脂 20g、去离子水。

2. 制备：将上述成分加热溶解于去离子水中，调节 pH 至 8.4，加去离子水至 1000mL，分装后 121.3℃（103.43kPa）高压灭菌 15min，待冷至 50℃左右时倾注无菌平板备用。

3. 用途：用于霍乱弧菌的分离培养。

4. 注。

（1）原理：利用霍乱弧菌怕酸不怕碱的特点，提高培养基的 pH 来抑制其他菌的生长，以利于霍乱弧菌的分离。

（2）接种：急性病人水样便做增菌培养的同时，应直接将粪便标本分离到碱性琼脂培养基平板或亚碲酸钾琼脂平板上。置 37℃培养 12~16h，观察结果，在碱性琼脂培养基平板上霍乱弧菌生长较快，菌落大而扁平，呈青灰色，半透明，光滑湿润。在亚碲酸钾琼脂平板上菌落较小，呈灰黑色。

（3）质量控制：各实验室自配培养基或采用商品培养基，在使用前可用标准菌株作为对照，临床实验室可送防疫部门所设立的专门检验机构进行目的菌监测，质量可靠者方可使用。El－Tor 弧菌，生长良好；大肠埃希菌 ATCC 25922，抑制性生长。

二十八、碱性胆盐琼脂

1. 成分：蛋白胨 20g、牛肉浸粉 5g、氯化钠 5g、琼脂 15g、胆盐（牛或猪）2.5g、去离子水。

2. 制备：将上述成分加热溶解于去离子水中，调节 pH 至 8.4，加去离子水至 1000mL，分装后 121.3℃（103.43kPa）高压灭菌 15min，待冷至 50℃左右时倾注无菌平板备用。

3. 用途：用于霍乱弧菌的分离培养。

4. 注。

（1）蛋白胨、牛肉浸粉提供碳氮源、维生素和生长因子，氯化钠维持均衡的渗透压，琼脂是培养基的凝固剂，胆盐（牛或猪）抑制大肠菌群和其他杂菌的生长，有利于霍乱弧菌的生长。

（2）接种：用接种环取粪便标本或增菌培养物接种于平板，35℃恒温培养箱培养 16~18h，观察结果，霍乱弧菌迅速生长，其他细菌生长较缓慢。16~18h 后，霍乱弧菌的菌落直径可达 2mm 左右，扁平，呈青灰色，半透明，光滑湿润，易挑起。其他细菌菌落小而凸起，不透明，或有色素。

（3）质量控制：同碱性琼脂。

二十九、解脲脲原体培养基

1. 成分：牛心浸液 80mL、25%鲜酵母浸液 10mL、小牛血清 10mL、40%尿素 1.5mL、0.4%酚红水溶液 0.5mL、青霉素（10000U/mL）5mL、多黏菌素 B（50000IU/mL）0.5mL、两性霉素（5mg/mL）0.1mL。

2. 制备：将牛心浸液与 25%鲜酵母浸液混合，121.3℃（103.43kPa）高压灭菌 15～30min，待冷至 55℃左右再加入上述其他成分，混匀后调节 pH 至 5.5～6.5，分装小瓶或试管中，每瓶（管）1.5～2.0mL。

3. 用途：用于分离培养解脲脲原体。

三十、枸橼酸盐试验培养基

1. Simmons（西蒙）枸橼酸盐试验培养基。

成分：七水硫酸镁 0.2g、磷酸二氢铵 1g、氯化钠 5g、磷酸氢二钾 1g、枸橼酸钠 5g、琼脂 20g、0.2%溴麝香草酚蓝溶液 40mL、去离子水。

2. Christensen（柯氏）枸橼酸盐试验培养基。

成分：枸橼酸钠 3g、葡萄糖 0.2g、酵母浸膏 0.5g、盐酸半胱氨酸 0.1g、枸橼酸铁铵 0.4g、磷酸氢二钾 1g、硫代硫酸钠 0.08g、氯化钠 5g、酚红 0.012g、琼脂 5g、去离子水。

3. 制备：先将上述各种盐类成分溶于去离子水中，调节 pH 至 6.8（或 6.9），然后加入琼脂，加热溶化后，加入指示剂（0.2%溴麝香草酚蓝溶液、酚红）混匀，加去离子水至 1000mL，分装试管，每管 3～5mL，121.3℃（103.43kPa）高压灭菌 15min，制成斜面备用。

4. 用途：用于鉴定细菌对枸橼酸盐及无机铵的利用能力。

5. 注。

（1）将待检菌浓密地划线接种在上述斜面上，于 35℃培养 1～4d，逐日观察结果。Simmons（西蒙）枸橼酸盐培养基斜面上有细菌生长，培养基由绿色变成蓝色为阳性；无细菌生长，颜色不变蓝色为阴性。Christensen（柯氏）枸橼酸盐试验培养基斜面呈红色为阳性，颜色不变为阴性。

（2）质量控制：肺炎克雷伯菌阳性；大肠埃希菌 ATCC 25922 阴性。

（3）当挑取同一培养物接种一组生化试验管时，在接种枸橼酸盐培养基前，接种针或环要用火焰灭菌，或先接种枸橼酸盐培养基，因培养基上若存在葡萄糖或其他营养物质可导致假阳性。

（4）接种时菌量应适宜，过少可导致假阴性结果，过多可导致假阳性结果。

（5）通常培养 24h 观察结果，但有些枸橼酸盐试验阳性的细菌需培养 48h 以上才能使培养基的 pH 变化。

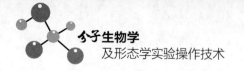

三十一、卡那霉素－万古霉素血琼脂

1. 成分：10g/L 氯化血红素 0.5mL、半胱氨酸 400mg、10g/L 维生素 K_1 1mL、琼脂 20g、无菌脱纤维羊血或兔血 50mL、卡那霉素 100mg、万古霉素 7.5mg、酵母浸出粉 5g、植物胨或木瓜酶消化豆粉 5g、氯化钠 5g、胰酶水解酪蛋白 15g、去离子水。

2. 制备：将上述成分（无菌脱纤维羊血或兔血、卡那霉素和万古霉素除外）溶于去离子水中，加去离子水至 1000mL，经 121.3℃（103.43kPa）高压灭菌 15min 后，待冷至 55℃左右时，加入无菌脱纤维羊血或兔血、卡那霉素和万古霉素，混合后倾注无菌平板备用。

3. 用途：用于普雷沃菌属和紫单胞菌属的分离培养及鉴定。

三十二、克氏双糖铁培养基

1. 成分：蛋白胨 20g、牛肉膏 3g、酵母膏 3g、乳糖 10g、葡萄糖 1g、氯化钠 5g、枸橼酸铁铵 0.5g、硫代硫酸钠 0.5g、琼脂 15g、0.4％酚红水溶液 6mL、去离子水。

2. 制备：将上述成分（乳糖、葡萄糖和 0.4％酚红水溶液除外）加热溶解于去离子水中，调节 pH 至 7.2～7.6，再加入乳糖、葡萄糖和 0.4％酚红水溶液，混匀过滤，加去离子水至 1000mL，分装试管，每管 4mL，115.6℃（68.95kPa）高压灭菌 15min，取出后制成高层斜面，下端保持一段底柱（约占 2/5），培养基呈透明樱红色，4℃冰箱保存备用。

3. 用途：用于肠杆菌科细菌的初步鉴定，也可用于非发酵菌的初步鉴定。

4. 注。

（1）原理：0.4％酚红水溶液作为指示剂，若细菌分解乳糖、葡萄糖产生酸，则培养基变为黄色。该培养基鉴别细菌对乳糖和葡萄糖的发酵能力。例如，大肠埃希菌能发酵乳糖和葡萄糖而产酸产气，所以培养基上下呈黄色，直立段有气泡存在。肠道病原菌如伤寒沙门菌、痢疾志贺菌不能发酵乳糖只能发酵葡萄糖，分解葡萄糖所产生的酸，使 pH 降低，因此斜面部分先呈黄色，但因葡萄糖含量较少（只有乳糖的 1/10），生成少量的酸因接触空气而氧化，又因细菌生长利用含氮物质生成碱性化合物，因此斜面部分后来又变成红色。由于直立段处于厌氧环境，细菌发酵葡萄糖所产生的酸类不被氧化，所以一直呈黄色。此外，尚可观察是否产生硫化氢，因其遇铁盐即生成棕黑色的硫化铁。同时该培养基是半固体培养基，还可观察细菌动力。

（2）方法：可疑菌落穿刺和斜面划线接种，35℃培养 18～24h，观察结果。

（3）结果：碱性（K），酸性（A）。

K/K：不发酵葡萄糖、乳糖，为不发酵菌特征。

K/A：葡萄糖发酵，乳糖不发酵，如志贺菌。

K/A（黑色）：葡萄糖发酵，乳糖不发酵并产生硫化氢，如沙门菌。

A/A：葡萄糖和乳糖发酵，如大肠埃希菌和克雷伯菌属。

（4）质量控制：奇异变形杆菌 K/A，硫化氢阳性；大肠埃希菌 A/A；痢疾志贺菌 K/A；伤寒沙门菌 K/A，硫化氢阳性；铜绿假单胞菌 K/K。

（5）该培养基的 pH 尤为重要，pH7.5 时使用效果最佳。

三十三、柯索夫（Korthof）培养基（钩端螺旋体培养基）

1. 成分：蛋白胨 0.4g、氯化钠 0.7g、氯化钾 0.02g、碳酸氢钠 0.01g、磷酸二氢钾 0.12g、磷酸氢二钠 0.44g、氯化钙 0.02g、无菌兔血清（灭活）适量、去离子水。

2. 制备：

（1）将上述成分［无菌兔血清（灭活）除外］溶于去离子水中煮沸 20min，冷却后滤纸过滤，调节 pH 至 7.2，加去离子水至 500mL，分装烧瓶，每瓶 100mL，121.3℃（103.43kPa）高压灭菌 30min。

（2）无菌采取兔心血分离血清，置 56℃水浴箱中 30min 以破坏补体。每 100mL 步骤（1）所得溶液中加入新鲜无菌兔血清（灭活）8～10mL。

（3）混合后，分装于无菌中号试管中，每管 5mL 或 2.5mL，置 56℃水浴中灭活 30min，备用。

（4）37℃恒温培养箱中培养 2d，剔去污染者。

3. 用途：用于钩端螺旋体的培养。

4. 注：

（1）为防止污染，每 100mL 该培养基可加 50mg 磺胺嘧啶钠。

（2）为了促进钩端螺旋体生长，可于该培养基中加入维生素 B_{12} 及烟酸（各 1mg/100mL），并将兔血清浓度稀释至 5%，且不加氯化钙（因氯化钙对生长无作用，且常形成沉淀物），再以 100℃加热 30min。用此法制得的培养基透明，无任何沉淀。

三十四、蜡状芽胞杆菌选择性琼脂（甘露醇卵黄多黏菌素琼脂）

1. 成分：蛋白胨 10g、牛肉膏 1g、D-甘露醇 10g、氯化钠 10g、琼脂粉 12g、酚红 0.025g、50%卵黄液 50mL、多黏菌素 B 10000 IU、去离子水 950mL。

2. 制备：

（1）除酚红、50%卵黄液、多黏菌素 B 外，其余成分混合于 950mL 去离子水中，加热溶解。

（2）调节 pH 至 7.0～7.2，加酚红（指示剂），121.3℃（103.43kPa）高压灭菌 15min。

（3）待冷至 50℃时，加入 50%卵黄液、多黏菌素 B，混匀，倾注无菌平板，做无菌试验合格后备用。

3. 用途：用于蜡状芽胞杆菌菌落计数及需氧芽胞杆菌的分离培养。

4. 注。

（1）原理：该培养基内含有多黏菌素 B，对革兰阴性杆菌有抑制作用。利用蜡状芽胞杆菌卵磷脂酶阳性的特征，于 35℃培养 18～24h，其菌落周围可出现一明显沉淀环，以资鉴别。

（2）接种：取待检标本划线接种于平板，35℃培养过夜。观察结果，蜡状芽胞杆菌不利用 D-甘露醇，其菌落呈粉红色，因产生卵磷脂酶，其菌落周围形成一明显的沉淀

环。若菌落呈黄色，则不是蜡状芽胞杆菌。

(3) 质量控制：配成的该培养基应呈深红色。蜡状芽胞杆菌接种后 35℃过夜（或18~24h）培养生长良好，菌落表现典型。

三十五、李斯特菌增菌培养基

1. 成分：蛋白胨 17g、大豆胨 3g、酵母浸膏 6g、氯化钠 5g、磷酸氢二钠 2.5g、葡萄糖 2.5g、盐酸吖啶黄溶液适量、萘啶酸溶液适量、去离子水。

2. 制备：

(1) 除盐酸吖啶黄溶液和萘啶酸溶液外，将其他成分加热溶解于去离子水中，调节pH 至 7.2~7.5，加去离子水至 1000mL，分装每瓶 225mL，121.3℃（103.43kPa）高压灭菌 15min，备用。

(2) 临用前，采用无菌操作每瓶加入盐酸吖啶黄溶液和萘啶酸溶液各 2.5mL，混匀后可使用。

3. 用途：用于李斯特菌的增菌培养。

4. 注。

(1) 原理：萘啶酸对多数革兰阴性菌有抑制作用，而盐酸吖啶黄对部分革兰阳性球菌有抑制作用，培养基中高浓度的蛋白胨、酵母浸膏等有利于目的菌的生长。

(2) 质量控制：配成的该培养基应呈淡黄色，透明。产单核李斯特菌 ATCC 19117阳性，金黄色葡萄球菌 ATCC 25923 阴性。

(3) 盐酸吖啶黄溶液配法：盐酸吖啶黄 15mg，加去离子水 10mL，溶解后过滤除菌。

(4) 萘啶酸溶液配法：萘啶酸 40mg，加 0.05mol/L 氢氧化钠溶液 10mL，溶解后过滤除菌。

三十六、淋病奈瑟菌分离琼脂（GC Agar）

1. 成分：蛋白胨 15g、可溶性淀粉 1g、氯化钠 5g、磷酸氢二钾 4g、磷酸二氢钾1g、琼脂 10g、去离子水、增补剂（2mL/100mL 培养基）、无菌马血（水溶解物，100mL/100mL 培养基）。

2. 制备：

(1) 将基础琼脂成分（指没有增补剂和无菌马血的成分）混合于去离子水中，煮沸溶解，调节 pH 至 7.2，加去离子水至 500mL。

(2) 分装每瓶 100mL，121.3℃（103.43kPa）高压灭菌 15min，备用。临用时加热，冷却至 50℃时每瓶先加入无菌马血（水溶解物，先预热至 50℃）100mL，再加入增补剂 2mL，倾注无菌平板。

3. 用途：用于分离培养淋病奈瑟菌，亦可分离培养脑膜炎奈瑟菌。

4. 注。

(1) 原理：因淋病奈瑟菌的繁殖对营养要求较高，标本含杂菌又多，难以分离，所有培养基内必须含有马血，以及多种氨基酸、维生素和辅酶等增补剂。

T−M 培养基：取 GC 琼脂（双倍浓度）100mL，加入血红蛋白 2% 水溶液 100mL、增补剂 2mL，在倾注无菌平板前加入抗菌药物混合液 1mL。

（2）Oxoid GC 琼脂已被制成，包括特殊蛋白胨 LP0072，它是肉类和植物酶消化的混合物。可溶性淀粉确保了淋病奈瑟菌产生的有毒代谢物被吸收。PBS 用来防止培养基 pH 变化。

（3）接种：取病灶部位分泌物（棉拭子），在取样现场迅速直接涂布在平板上，保温到实验室再做四分区划线，立即置于含 10% CO_2 的恒温培养箱内，亦可用二氧化碳缸（或蜡烛缸），注意培养环境的湿度，培养 1~2d。

（4）观察结果：菌落较小（0.5~1.0mm），湿润，光滑，凸起，透明无色，呈水珠状。然后做涂片染色镜检和氧化酶试验等进行鉴定。

（5）质量控制：使用前必须进行目的菌的生长试验，质量合格者方可使用。

三十七、磷酸酶试验培养基

1. 成分：普通营养琼脂 1000mL、10g/L 磷酸酚酞溶液 1mL。

2. 制备：将普通营养琼脂加热熔化，待冷却至 45℃时，加入滤过除菌的 10g/L 磷酸酚酞溶液，摇匀后倾注无菌平板。

3. 用途：测定细菌产生磷酸酶的能力，用于区别葡萄球菌有无致病性，致病性葡萄球菌呈阳性，还有助于克雷伯菌属与肠杆菌属的鉴定。

4. 注。

（1）接种：接种待检菌，35℃培养 18~24h。在平板盖上滴加浓氨 1 滴，熏蒸片刻。若有酚酞释出，菌落变为粉红色即为阳性；不变色为阴性。

（2）亦可用液体法进行试验：经培养后在培养基内滴加氢氧化钠溶液，观察结果，显红色则为阳性。

（3）以上为酸性磷酸酶的试验方法。如果进行碱性磷酸酶试验，可将磷酸对硝基酚加入 pH 为 10.5、0.04mol/L 的甘氨酸氢氧化钠缓冲液内。观察结果时不必另行加碱。

（4）指示剂产生的颜色随其 pH 而变化，试剂的量要准确，否则可引起假阳性或假阴性。

三十八、硫代硫酸盐−枸橼酸盐−胆盐−蔗糖（TCBS）琼脂

1. 成分：酵母膏粉 5g、蛋白胨 10g、枸橼酸钠 10g、硫代硫酸钠 10g、牛胆粉 5g、牛胆酸钠 3g、蔗糖 20g、氯化钠 10g、柠檬酸铁 1g、麝香草酚蓝 0.04g、溴麝香草酚蓝 0.04g、琼脂粉 15g、去离子水。

2. 制备：先将上述成分（琼脂、麝香草酚蓝和溴麝香草酚蓝除外）混合于去离子水中，加热煮沸溶解，调节 pH 至 8.6，然后加入琼脂、麝香草酚蓝和溴麝香草酚蓝，加去离子水至 1000mL，煮沸，冷却至 60℃左右时倾注无菌平板，无需高压灭菌，室温保存备用。

3. 用途：用于霍乱弧菌及副溶血性弧菌分离培养。

4. 注。

（1）原理：在碱性琼脂的基础上，加入枸橼酸钠、硫代硫酸钠、牛胆粉和牛胆酸钠，加强了对革兰阳性菌及大肠菌群等杂菌的抑制，而牛胆粉对霍乱弧菌生长又有促进作用。其中麝香草酚蓝和溴麝香草酚蓝作为指示剂，把分解蔗糖的霍乱弧菌与不分解蔗糖的细菌鉴别开。另外，霍乱弧菌对酸性环境比较敏感，因此该 pH 可促进其生长。硫代硫酸钠与柠檬酸铁反应作为检测硫化氢产生的指示剂。

（2）接种：取病人粪便或增菌培养物划线分离于平板上，35℃培养 16~18h，观察结果。

（3）质量控制：霍乱弧菌（小川、稻叶型），生长良好，菌落 2~3mm，黄色，硫化氢阴性。副溶血性弧菌，生长良好，菌落 2.0~3.5mm，蓝绿色。大肠埃希菌，基本生长良好。金黄色葡萄球菌，不生长。变形杆菌，受抑制。

（4）霍乱弧菌在此培养基培养时，血清凝集试验中有时不易乳化，应引起注意。

三十九、硫化氢试验培养基

检测硫化氢产物有很多方法，以醋酸铅法最为敏感，其适用于肠杆菌科以外的细菌所产生的少量硫化氢的检测。硫酸亚铁法也是检查硫化氢的常规方法。现将两种方法相关的培养基分述如下：

1. 醋酸铅培养基。

1）成分：蛋白胨 10g、胱氨酸 0.1g、硫酸钠 0.1g、去离子水。

2）制备：将上述成分加热溶解于去离子水中，调节 pH 至 7.0~7.4，加去离子水至 1000mL，分装试管，每管液体高度为 4~5cm，115.6℃（68.95kPa）高压灭菌 20min。

3）用途：观察细菌是否产生硫化氢。

4）接种：将待检菌接种于该培养基中，挂上纸条（将滤纸剪成 0.1~1.0cm 宽的纸条，用 50~100g/L 醋酸铅溶液浸透、烘干），经 35℃培养 24h 后，观察结果，纸条变黑为阳性，无变化为阴性。

2. 硫酸亚铁琼脂。

1）成分：牛肉膏 3g、酵母浸膏 3g、蛋白胨 10g、硫酸亚铁 0.2g、氯化钠 5g、硫代硫酸钠 0.3g、琼脂 12g、去离子水。

2）制备：将上述成分加热溶解于去离子水中，加去离子水至 1000mL，分装试管，每管 3mL，115.6℃（68.95kPa）高压灭菌 20min，备用。

3）用途：观察细菌是否产生硫化氢。

4）注：

（1）接种。将待检菌穿刺接种于该培养基中，经 35℃培养 24h 后，观察结果，培养基呈黑色为阳性，无变化为阴性。

（2）质量控制。鼠伤寒沙门菌 ATCC 13311 阳性；宋内志贺菌 ATCC 11060 阴性。

四十、硫酸镁葡萄糖肉汤

1. 成分：蛋白胨 10g、氯化钠 5g、牛肉膏 5g、葡萄糖 3g、柠檬酸钠 3g、5g/L 对氨基苯甲酸水溶液 10mL、247g/L 七水硫酸镁溶液 20mL、0.4％酚红水溶液 6mL、青霉素酶适量、去离子水。

2. 制备：

（1）将上述成分（0.4％酚红水溶液和青霉素酶除外）混合于去离子水中，煮沸 5min，趁热过滤，调节 pH 至 7.6～7.8，加入 0.4％酚红水溶液，加去离子水至 1000mL。

（2）分装至小玻璃盐水瓶，每瓶 50mL，加翻口橡皮塞，铝盖压封，扎上注射器针头，121.3℃（103.43kPa）高压灭菌 15min。使用时每瓶加入青霉素酶 100U，无菌试验合格后使用。

3. 用途：用于血液或骨髓的需氧菌增菌培养。

四十一、硫乙醇酸钠肉汤

1. 成分：硫乙醇酸钠 1g、葡萄糖 10g、琼脂 0.5g、2g/L 亚甲蓝水溶液 1mL，肉汤。

2. 制备：

（1）将上述成分（2g/L 亚甲蓝水溶液除外）加入肉汤中溶解，调节 pH 至 8.0，加入 2g/L 亚甲蓝水溶液混合后过滤，肉汤加至 1000mL。

（2）分装试管，每管 10mL，121.3℃（103.43kPa）高压灭菌 20min 后备用。使用前需煮沸 10min，以驱除培养基中的氧气，使培养基成为无色。

3. 用途：用于厌氧菌的增菌培养。

4. 注：

（1）该培养基需尽量新鲜使用，不可多次加热使用。

（2）培养基中的亚甲蓝为氧化还原指示剂，厌氧下无色，有氧下呈蓝色，故在培养基靠近液面部分显蓝色。

（3）极少量琼脂的存在有助于培养基厌氧状态的形成。

（4）亚甲蓝化学式为 $C_{16}H_{18}N_3ClS$，又称亚甲基蓝、次甲基蓝、次甲蓝、美蓝、品蓝，是一种芳香杂环化合物。CAS 号：61－73－4，被用作化学指示剂、染料、生物染色剂和药物。亚甲蓝的水溶液在氧化环境中为蓝色，但遇锌、氨水等还原剂会被还原成无色状态。

四十二、硫乙醇酸盐（THIO）培养基

1. 成分：胰酶解酪蛋白 17g、植物胨或大豆胨 3g、葡萄糖 6g、氯化钠 2.5g、硫乙醇酸钠 0.5g、亚硫酸钠 0.1g、L－半胱氨酸 0.25g、5g/L 氯化血红素溶液 1mL、10g/L 维生素 K_1 溶液 0.1mL、琼脂 0.7g、去离子水。

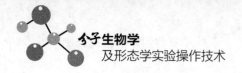

2. 制备：

（1）将上述成分加热溶解于去离子水中，煮沸 1~2min，冷却后调节 pH 至7.2~7.4，加去离子水至 1000mL。

（2）分装后置 121.3℃（103.43kPa）高压灭菌 15min，4℃冰箱保存备用。

3. 用途：用于多数厌氧菌的分离和培养。

四十三、卵黄双抗琼脂

1. 成分：蛋白胨 10g、氯化钠 5g、牛肉膏 3g、玉米淀粉 1.67g、50％卵黄盐水悬液 100mL、多黏菌素 B 4.2mg、万古霉素 3.3mg、琼脂 15~20g、去离子水。

2. 制备：

（1）将蛋白胨、氯化钠、牛肉膏溶于去离子水，调节 pH 至 7.6，加入玉米淀粉（先以去离子水调成糊状）及琼脂，加去离子水至 1000mL，115.6℃（68.95kPa）高压灭菌 20min。

（2）待上述溶液冷却至 50℃左右，加入 50％卵黄盐水悬液和抗菌药物（即多黏菌素 B 和万古霉素，先以少量去离子水溶解），轻轻摇匀后，倾注无菌平板备用。

3. 用途：用于分离培养脑膜炎奈瑟菌。

4. 注。

（1）接种：将待检菌分离接种于平板后立即置于 35℃、5~10％ CO_2 恒温培养箱培养 20~24h，取出观察结果。脑膜炎奈瑟菌在此平板上，菌落呈无色或米灰色，光滑湿润，边缘整齐，半透明，不产生色素。

（2）50％卵黄盐水悬液的制备：取新鲜鸡蛋，用肥皂水洗净蛋壳，浸于 75％酒精溶液中 30min，取出用无菌纱布擦干，采用无菌操作弃去蛋清，将蛋黄收集于置有玻璃珠的无菌三角烧瓶中摇匀，再加等量无菌生理盐水，用力振荡，将蛋黄搅碎，使之呈均匀混悬液。

（3）如无玉米淀粉，用可溶性淀粉代替，多黏菌素 B 亦可用硫酸多黏菌素 E 代替。

（4）50％卵黄盐水悬液用 10％无菌脱纤维羊血代替，做成巧克力双抗琼脂，亦可用于脑膜炎奈瑟菌培养。

四十四、卵黄糖发酵平板

1. 成分：牛肉浸膏 3g、氯化钠 5g、蛋白胨 10g、玉米淀粉 1.67g、50％卵黄盐水悬液 100mL、琼脂 20g、0.4％酚红水溶液 5mL、去离子水 900mL、糖类（按需加入）。

2. 制备：

（1）将蛋白胨、牛肉膏、氯化钠混合于去离子水中加热溶解，调节 pH 至 7.4。

（2）将玉米淀粉加于 20mL 去离子水中搅拌均匀，再加入 90mL 沸腾的去离子水，边加边搅拌，使成糊状，倒入上述溶液中，加入琼脂、糖类（按需加入）及 0.4％酚红水溶液（指示剂），加去离子水至 1000mL，121.3℃（103.43kPa）高压灭菌 20min，备用。

（3）待上述混合液冷却至 50℃左右，加 50％卵黄盐水悬液，轻轻摇匀后倾注无菌平板。凝固后置 35℃环境做无菌试验，合格后方可使用。

3．用途：检测脑膜炎奈瑟菌生长反应，适用于现场大量标本的筛选。

4．注。

（1）接种：采用点种法，将待检菌点种于平板（接种量要大），35℃培养 18～24h，生长菌落为淡红色、培养基背景转黄色者为阳性。

（2）脑膜炎奈瑟菌对糖发酵能力较弱，虽在发酵过程中可一度使培养基变酸（变色），但时间一长，就会被细菌在代谢过程中不断形成的碱性物质中和，使培养基又逐渐转为原来的中性或碱性颜色。如不及时观察，容易得出假阴性结果，故进行实验时应随时观察记录。

（3）培养基内加入适量的玉米淀粉，可吸附培养环境中不利于脑膜炎奈瑟菌生长的毒性物质，以利于生长，培养温度低于 30℃或超过 40℃脑膜炎奈瑟菌均不能生长。

四十五、罗琴改良培养基（罗氏培养基）

1．成分：磷酸二氢钾（无水）2.4g、七水硫酸镁 0.24g、枸橼酸镁 0.6g、天门冬素 3.6g、甘油 12mL、去离子水 600mL、马铃薯淀粉 30g、新鲜鸡蛋液（鸡蛋约 30 个）1000mL、2%孔雀绿水溶液 20mL。

2．制备：

（1）先将磷酸二氢钾（无水）、七水硫酸镁、枸橼酸镁、天门冬素及甘油加热溶解于去离子水中，再加入马铃薯淀粉，边加边搅拌，并继续置沸水中加热 30min。

（2）待上述溶液冷却至 60℃左右，加入新鲜鸡蛋液（新鲜鸡蛋液的制法：取新鲜鸡蛋用肥皂水洗净后，用 75%酒精溶液消毒蛋壳，无菌操作击破蛋壳，将全蛋液一并收集于灭菌搪瓷量杯内，充分搅拌均匀，再以无菌纱布过滤，收集新鲜蛋液 1000mL）。

（3）加入 2%孔雀绿水溶液，充分混匀后，采用无菌操作分装于灭菌中号试管（18mm×180mm），每管 7～8mL，塞紧橡皮塞（最好是翻口塞），置于血清凝固器内制成斜面，经 85℃ 1h 间歇灭菌 2 次，待凝固后进行无菌试验，确定无菌后 4℃冰箱保存备用。

3．用途：用于结核分枝杆菌培养。

4．注。

（1）原理：结核分枝杆菌在人工培养时，必须含有足够的特殊营养成分。天门冬素提供氮源。新鲜鸡蛋液与马铃薯淀粉不仅是良好的营养物质，而且还能降低脂肪酸的毒性。甘油和枸橼酸镁可提供碳源。钾、镁、磷、硫等无机盐也是细菌生长不可缺乏的生长元素。磷酸二氢钾有缓冲作用。2%孔雀绿水溶液可抑制标本中的杂菌。

（2）接种：取晨咳痰或其他液体标本，将经消化处理和离心沉淀的浓缩液 0.1mL（约 2 滴）滴种于斜面上，尽量摇晃，置 35℃、5%～10% CO_2 恒温培养箱内培养 1～4 周，观察结果。凡在 1 周内生长的菌落，一般不可能是结核分枝杆菌。在 2 周后生长的菌落，呈奶油状，略带黄色，粗糙凸起，不透明，即取菌进行涂片染色镜检及其他鉴定。

（3）间歇灭菌的温度不宜超过 90℃。

（4）该培养基 pH 约为 6.0，一般无需调节。2%孔雀绿水溶液可以抑制杂菌的生长。因此该培养基既是营养培养基又是选择培养基。

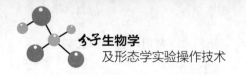
（5）该培养基制成后要有一定的凝固水，便于长时间培养时防止培养基干裂。

（6）染料最好先配成溶液。

四十六、70g/L 或 100g/L 氯化钠蛋白胨水培养基

1. 成分：蛋白胨 10g、氯化钠 70g 或 100g、去离子水。

2. 制备：将上述成分加热溶解于去离子水中，调节 pH 至 7.8，加去离子水至 1000mL，分装试管，115.6℃（68.95kPa）高压灭菌 15min，4℃冰箱保存备用。

3. 用途：用于培养和鉴定副溶血性弧菌。

4. 原理：蛋白胨提供氮源、碳源、维生素、生长因子。高氯化钠含量可以抑制非弧菌类细菌生长。

四十七、吕氏血清斜面

1. 成分：无菌 1‰葡萄糖肉浸液（pH7.4）100mL、无菌动物血清（马、牛、羊等）300mL。

2. 制备：

（1）采用无菌操作将上述成分混合于灭菌三角烧瓶。无菌分装于 15mm×150mm 灭菌试管，每管 3~5mL。

（2）将试管斜置于血清凝固器内，间歇灭菌 3d。第 1 天缓慢加热至 85℃并维持 30min，使血清充分凝固，置 37℃恒温培养箱过夜。

（3）第 2 天和第 3 天 85~90℃分别灭菌 30min，制成后进行无菌试验，确定无菌后置 4℃冰箱保存备用。

3. 用途：用于白喉棒状杆菌培养，观察异染颗粒。亦可用来观察细菌色素的产生及液化凝固蛋白质的能力。

4. 注：

（1）该培养基营养丰富，白喉棒状杆菌培养 10h 即能生长，异染颗粒很明显。

（2）在分装时，宜避免气泡产生，在血清凝固器内，加热不能过快，温度也不得高于 90℃，否则表面亦有气泡产生，气泡能使培养基表面凹凸不平。

（3）该培养基斜面的管底应含少量凝固水，有利于细菌的生长。

四十八、马铃薯葡萄糖琼脂（PDA）培养基

1. 成分：马铃薯粉 200g、葡萄糖 20g、琼脂 20g、去离子水。

2. 制备：将马铃薯粉加入 1000mL 去离子水，煮 30min 后用纱布过滤，加入琼脂，继续加热搅拌混匀，待琼脂溶解完后，再加入葡萄糖，搅拌均匀，稍冷却后再用去离子水补足至 1000mL，分装试管 121.3℃（103.43kPa）高压灭菌 15min，备用。

3. 用途：用于分离培养霉菌、酵母菌计数，也可用于观察真菌菌落，如红色癣菌菌落呈红色、石膏样癣菌菌落无色。

4. 原理：马铃薯粉有助于各种霉菌的生长，葡萄糖提供能源，琼脂是培养基的凝固剂。

四十九、马尿酸钠培养基

1. 成分：肉汤（pH7.8）1000mL、马尿酸钠 10g。

2. 制备：将马尿酸钠溶于肉汤（pH7.8）内，加热溶解后分装于试管中，每管 4mL，121.3℃（103.43kPa）高压灭菌 15min。冷却后用玻璃铅笔记录培养基液面，4℃冰箱保存备用。

3. 用途：用于 B 群链球菌的鉴定，测定细菌水解马尿酸钠能力。

4. 接种：取待检菌接种于培养基中，35℃培养 48h，观察培养基液面。若液面下降以去离子水补充之。离心沉淀，取上清液 0.8mL 加入三氯化铁试剂（三氯化铁 12g 溶于 2％盐酸 100mL 中）0.2mL，随后立即混匀。经 10～30min 观察结果，出现稳定沉淀物为阳性，反之为阴性。

五十、麦康凯（MAC）琼脂

1. 成分：蛋白胨 20g、氯化钠 5g、胆盐 5g、乳糖 10g、琼脂 20g、0.5％中性红水溶液 5mL、去离子水。

2. 制备：将上述成分（琼脂、0.5％中性红水溶液除外）加热溶解于去离子水中，调节 pH 至 7.2，加入琼脂、0.5％中性红水溶液，加热溶解，加去离子水至 1000mL，115.6℃（68.95kPa）高压灭菌 15min，待冷却至 55℃左右，倾注无菌平板，凝固后 4℃冰箱（避光）保存，1 周内用完。

3. 用途：用于粪便、分泌物中肠道致病菌的分离培养和非发酵细菌的鉴别。

4. 注。

（1）原理：该培养基利用胆盐来抑制革兰阳性菌生长，为中等程度选择性培养基，抗菌力略强，有少数革兰阴性菌不生长，对部分沙门菌有促进生长的作用。

该培养基中蛋白胨提供碳源、氮源、维生素和生长因子，胆盐可抑制革兰阳性菌的生长，氯化钠维持均衡的渗透压，琼脂是培养基的凝固剂，乳糖为可发酵的糖类，0.5％中性红水溶液是 pH 指示剂。当细菌发酵乳糖产酸时，大肠埃希菌菌落呈粉红色，并在菌落周围出现胆盐沉淀环，即可鉴别出来。

如果用该培养基作为原始标本分离的培养基，应注意原始标本在该培养基的细菌分离生长情况，以免遗漏部分被抑制生长的细菌。

（2）接种：取粪便标本或增菌物划线接种于平板上，35℃培养 18～24h，观察结果。不发酵乳糖的肠道细菌菌落无色，直径约为 2.0mm，光滑，半透明。大肠埃希菌菌落呈粉红色。

（3）质量控制：大肠埃希菌 ATCC 25922 生长良好，粉红色菌落，有胆盐沉淀环；沙门菌 ATCC 14028 生长良好，无色大菌落；金黄色葡萄球菌 ATCC 25923 不生长。

（4）非发酵细菌在培养基中是否生长，是临床鉴定某些非发酵细菌的指标之一。

五十一、毛发穿孔试验液体培养基

1. 成分：100g/L 酵母浸膏（无菌）1～2 滴、去离子水 10mL。

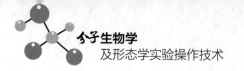

2. 制备：将青少年或儿童头发若干剪成 1cm 长，经 115.6℃（68.95kPa）高压灭菌 10min，置于含上述成分的试管中备用。

3. 用途：鉴别红色癣菌与石膏样癣菌，后者使毛发穿孔。

五十二、米汤培养基

1. 成分：大米 20g、吐温－80 5mL、琼脂 25g、去离子水。

2. 制备：

（1）将大米加入去离子水中煮沸，维持 45min，用 4 层纱布过滤，加入吐温－80 和琼脂，加去离子水至 1000mL。

（2）121.3℃（103.43kPa）高压灭菌 15min，备用。

3. 用途：供白色假丝酵母菌小规模培养用。

五十三、明胶培养基

1. 成分：牛肉膏 3g、蛋白胨 5g、明胶 120g、去离子水。

2. 制备：将上述成分加热溶解于去离子水中，调节 pH 至 7.6，过滤，加去离子水至 1000mL，分装试管，115.6℃（68.95kPa）高压灭菌 12min，置冷水中迅速冷却，凝固后置于 4℃冰箱保存备用。

3. 用途：用于检测细菌液化明胶的能力。

五十四、木糖、赖氨酸、去氧胆酸盐（XLD）培养基

1. 成分：酵母浸膏 3g、L－赖氨酸 5g、氯化钠 5g、D－木糖 3.75g、乳糖 7.5g、蔗糖 7.5g、去氧胆酸钠 2.5g、硫代硫酸钠 6.8g、枸橼酸铁铵 0.8g、琼脂 13.5g、1‰酚红水溶液 8mL、去离子水。

2. 制备：

（1）将上述成分（1‰酚红水溶液除外）加热溶解于去离子水中，调节 pH 至 7.2，再加入 1‰酚红水溶液混匀，加去离子水至 1000mL。

（2）121.3℃（103.43kPa）高压灭菌 15min，倾注无菌平板备用。

3. 用途：为肠道菌选择性培养基。

4. 注。

（1）接种：将待检菌划线接种于平板上，35℃培养 18~24h，观察结果。大肠埃希菌和肠杆菌属、克雷伯菌属、枸橼酸杆菌属细菌可形成黄色、不透明菌落；大多数沙门菌属细菌因不利用糖类，形成半透明红色或无色菌落。

（2）质量控制：大肠埃希菌呈黄色菌落；宋内志贺菌呈无色菌落；伤寒沙门菌呈红色菌落，有黑心；金黄色葡萄球菌生长受抑制。

五十五、萘啶酸琼脂

1. 成分：营养琼脂 200mL、萘啶酸 2mL。

2. 制备：将营养琼脂熔化后加入萘啶酸即成。

3. 用途：为产单核李斯特菌选择培养基。

五十六、耐热 DNA 酶培养基

1. 成分：胰蛋白胨 15g、植物蛋白胨 5g、氯化钠 5g、DNA 2g、琼脂 15g、2g/L 甲苯胺蓝溶液 2.5mL、去离子水。

2. 制备：将上述成分（2g/L 甲苯胺蓝溶液除外）加热溶解于去离子水中，调节 pH 至 7.4，加入 2g/L 甲苯胺蓝溶液，加去离子水至 1000mL，分装试管，121.3℃（103.43kPa）高压灭菌 15min 后备用。

3. 用途：用于检测细菌所产生的耐热脱氧核糖核酸酶。

4. 注。

（1）接种：将该培养基倾注于载玻片上，凝固后打孔，孔径 2cm，孔内加入经 100℃、15min 隔水加热处理的肉汤培养物。将载玻片孵育于 35℃湿盒内 4h，取出，观察结果。阳性反应为在孔周围出现直径不小于 4mm 的粉红色圈，阴性反应为培养基的颜色无改变。

（2）质量控制：金黄色葡萄球菌 ATCC 25923 阳性；表皮葡萄球菌 ATCC 12990 阴性。

五十七、拟杆菌-胆汁-七叶苷琼脂平板（BBE）

1. 成分：胰酪胨 5g、枸橼酸铁铵 0.5g、植物胨 5g、氯化血红素溶液（5mg/mL）2mL、氯化钠 5g、庆大霉素溶液（40mg/mL）2.5mL、牛胆粉 20g、七叶苷 1g、琼脂 15g、去离子水。

2. 制备：将上述成分加热溶解于去离子水中，调节 pH 至 7.0，加去离子水至 1000mL，121.3℃（103.43kPa）高压灭菌 15min，备用。

3. 用途：用于快速鉴定脆弱拟杆菌。

五十八、黏液酸利用试验培养基

1. 成分：蛋白胨 10g、黏液酸 10g、12g/L 溴麝香草酚蓝溶液 12mL、去离子水。

2. 制备：将上述成分混合于去离子水中，调节 pH 至 7.4，加去离子水至 1000mL，分装试管，每管 3~4mL，121.3℃（103.43kPa）高压灭菌 15min，4℃冰箱保存备用。

3. 用途：用于无动力、不产气、不发酵乳糖的大肠埃希菌与志贺菌属的鉴别。前者多数为阳性，后者均为阴性。

4. 注。

（1）接种：取含待检菌的 18~24h 肉汤培养物 1 环接种于培养基中。35℃培养 1~2 周，每天观察结果。培养基呈黄色为阳性，表明细菌能利用黏液酸；若培养基不变色则为阴性。

（2）质量控制：大肠埃希菌 ATCC 25922 阳性；痢疾志贺菌 Ⅰ 型 ATCC 13313 阴性。

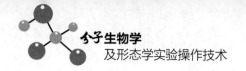
五十九、尿素卵黄双糖琼脂斜面

1. 成分：蛋白胨 20g、牛肉膏 3g、氯化钠 5g、蔗糖 10g、葡萄糖 1g、苯酚红 0.025g、琼脂 15g、40%无菌尿素水溶液 5mL、50%无菌卵黄乳液 25mL、去离子水。

2. 制备：称取上述成分（40%无菌尿素水溶液、50%无菌卵黄乳液除外）加热溶解于去离子水中，加去离子水至 1000mL，分装三角烧瓶，每瓶 200mL，115.6℃（68.95kPa）高压灭菌 20min，冷却至 50~55℃时，采用无菌操作每瓶加入 40%无菌尿素水溶液 1mL 和 50%无菌卵黄乳液 5mL，混匀，分装于无菌试管，制成高层斜面，待凝固后做无菌试验，如仍保持原来的鲜明淡红色，即置 4℃冰箱保存备用。

3. 用途：用于白喉棒状杆菌的鉴别培养。

4. 注：

（1）制成的培养基若进行无菌试验后颜色变为淡黄色，表示有污染，不可使用。

（2）尿素不耐热，也不能久存，只能用滤菌器（如 $0.22\mu m$ 的滤膜）除菌。

（3）40%无菌尿素水溶液的制备：称取尿素 40g，充分溶于 100mL 去离子水中，用无菌注射器抽取溶液，再经滤菌器过滤到灭菌的 100mL 小玻璃注射瓶内（因瓶口大小与滤膜相匹配），可达到灭菌的目的。

六十、尿素琼脂斜面（尿素酶试验培养基）

1. 成分：蛋白胨 1g、氯化钠 5g、葡萄糖 1g、20%无菌尿素水溶液 100mL、磷酸二氢钾 2g、0.2%酚红水溶液 6mL、琼脂 20g、去离子水。

2. 制备：将上述成分（20%无菌尿素水溶液、0.2%酚红水溶液除外）加热溶解于去离子水中，调节 pH 至 6.8，加入 0.2%酚红水溶液，加去离子水至 1000mL，115.6℃（68.95kPa）高压灭菌 15min，待冷却至 50~55℃，采用无菌操作加入 20%无菌尿素水溶液，摇匀后分装于试管，每管 3~4mL，制成斜面，待凝固后置 4℃冰箱保存备用。

3. 用途：供尿素分解试验用，即用于细菌尿素酶测定。

4. 注。

（1）接种：取培养物接种于斜面上，35℃培养 24h。尿素酶阳性者斜面变红色，阴性者颜色无变化。

（2）质量控制：普通变形杆菌 ATCC 13315 整个培养基变红（培养 8h）；肺炎克雷伯菌 ATCC 27236 仅斜面变红（培养 24h）；大肠埃希菌 ATCC 25922 为阴性（培养 24h）。

（3）20%无菌尿素水溶液的制备：称取尿素 20g，充分溶于 100mL 去离子水中，用无菌注射器抽取溶液，再经滤菌器过滤到灭菌的 100mL 小玻璃注射瓶内，可达到灭菌的目的。

六十一、牛乳培养基

1. 成分：新鲜脱脂牛乳 1000mL、1.6%溴甲酚紫酒精溶液 1mL。

2. 制备：将锥形瓶中的新鲜牛乳置水浴锅中煮沸 30min，冷却，置 4℃冰箱内 2h

（或放置过夜）。用吸管吸取下层脱脂牛乳，注入另一锥形瓶，上层乳脂弃去。在新鲜脱脂牛乳内加入 1.6% 溴甲酚紫溶液，混匀后分装试管。

3. 用途：可用于厌氧菌的培养，尤其是观察细菌对牛乳的凝固及发酵作用。

六十二、牛心、脑浸液琼脂（BHIA）与牛心、脑浸液血琼脂（BHIB）

1. 牛心、脑浸液基础培养基成分：牛心、脑浸出液（牛脑浸出液 200mL、牛心浸出液 250mL），际胨或多胨 10g，葡萄糖 2g，磷酸氢二钠 2.5g，酵母浸出物（粉）5g，氯化钠 5g，氯化血红素（5g/L）1mL，维生素 K_1（10g/L）0.1mL，去离子水。

2. 制备：

（1）牛心、脑浸出液的制备：将各 500g 去筋膜并绞碎的牛脑和牛心分别置于两只 2000mL 的三角烧瓶中，各加 1000mL 去离子水。置 4℃ 冰箱过夜。次日撇去浮油，分别置 45℃ 水浴中加温 1h，再煮沸 30min，用纱布过滤。牛脑浸出液不易滤清，可倒入三角量杯中，再置 4℃ 冰箱待杂质沉降，吸取上清液。各补足去离子水至 1000mL，121.3℃（103.43kPa）高压灭菌 15min 后备用。

（2）将已制备的牛心、脑浸出液和上述其他成分加入容器内，加去离子水至 1000mL，加热溶解，冷却后调节 pH 至 7.6～7.8，分装后 121.3℃（103.43kPa）高压灭菌 15min，即为牛心、脑浸液基础培养基。

（3）牛心、脑浸液琼脂（BHIA）与牛心、脑浸液血琼脂（BHIB）：上述牛心、脑浸液基础培养基中加入 2% 琼脂，即为牛心、脑浸液琼脂。在牛心、脑浸液琼脂中加入 5%～10% 无菌脱纤维羊血，即为牛心、脑浸液血琼脂。

3. 用途：用于培养要求较高的细菌。

4. 注。

（1）原理：牛心、脑浸出液是细菌生长所需的营养物质，磷酸氢二钠为缓冲剂，加上适宜的无机盐（氯化钠），有利于细菌的生长繁殖。

（2）培养厌氧菌时再加入 L-半胱氨酸 0.5g，适用于绝大多数厌氧菌的分离和培养。

六十三、疱肉培养基

1. 成分：牛肉渣 0.5g、牛肉浸液 7mL。

2. 制备：

（1）取制备牛肉浸液剩下的并经过处理的牛肉渣装于 15mm×150mm 试管内，每管 0.5g，并加入 pH7.6 的牛肉浸液 7mL，两者高度比例为 1∶2。

（2）在试管液面上加一层 3～4mm 厚度的熔化凡士林，用橡皮塞塞紧，经 121.3℃（103.43kPa）高压灭菌 15min 后，4℃ 冰箱保存备用。

3. 用途：用于厌氧菌的增菌及菌种保存，主要用于梭菌属的培养。

4. 注。

（1）接种：采集标本后在 2h 内取 0.5mL 接种于培养基底层，立即置 35～37℃ 厌氧恒温培养箱内进行培养，2～7d 观察结果。培养基有混浊、沉淀生成，黏性菌膜生长等

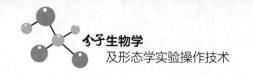

现象，以及出现培养物散发臭味、牛肉渣消化、变色、产气等情况，可用于判断结果，并进行涂片染色镜检及分离培养。一般在培养48h以后开始观察，直至3周，无细菌生长，即可报告阴性。

（2）质量控制：破伤风杆菌或坏死梭杆菌48h的培养物稀释1000倍，接种0.01mL，生长良好。

（3）牛肉渣含有不饱和的脂肪酸，能吸收氧气，而其中的氨基酸有还原作用，故培养基内氧化还原电势甚低。

（4）牛肉渣的处理：取制备牛肉浸液用过的牛肉渣，用自来水冲洗搓捏除去浮屑和杂质，冲洗至无浑浊现象为止，再以去离子水冲洗数次，调节pH至7.6，置4℃冰箱过夜。第2天取出，先用自来水冲洗，再用去离子水冲洗数次，沥干后，经115.6℃（68.95kPa）高压灭菌10min，置70～80℃烘箱内烘干，装瓶备用。

（5）培养基的管口要密封，使用时将培养基置于水浴中煮沸10min，以除去管内残存的氧气。为提高培养效果，在底层可放少许铁粉作为还原剂。

（6）保存：置4℃冰箱内，数月有效。

六十四、葡萄糖蛋白胨水培养基

1. 成分：蛋白胨5g、磷酸氢二钾5g、葡萄糖5g、去离子水。

2. 制备：

（1）将上述成分加热溶解于去离子水中，调节pH至7.2，加去离子水至1000mL。

（2）分装试管，每管3～4mL，经115.6℃（68.95kPa）高压灭菌15min后，4℃冰箱保存备用。

3. 用途：用于甲基红（MR）和V-P试验。

（1）甲基红试验：检查细菌发酵葡萄糖产酸的能力，用于鉴别某些细菌，如大肠埃希菌（阳性）、产气肠杆菌（阴性）、阴沟杆菌（阴性）、克雷伯菌属（一般为阴性）、耶尔森菌属（阳性）、其他革兰阴性非肠道杆菌（阴性）、产单核李斯特菌（阳性）。

（2）V-P试验：用于肠杆菌属与埃希菌属、葡萄球菌属与微球菌属的属间鉴别，肺炎克雷伯菌、产酸克雷伯菌、臭鼻克雷伯菌、鼻硬结克雷伯菌的菌种鉴定，蜂房哈夫尼亚菌与小肠结肠炎耶尔森菌的菌种鉴定。

4. 注：

1）甲基红试验。

（1）试剂：甲基红0.2g、95%酒精溶液300mL、去离子水200mL。

（2）质量控制：大肠埃希菌ATCC 25922阳性；产气肠杆菌阴性。

（3）试剂和培养基在应用前要用已知阳性菌（如大肠埃希菌）和已知阴性菌（如克雷伯菌属）做对照试验。

（4）甲基红试验的结果正确性取决于培养时间，接种细菌后至少要培养24h。通常每毫升培养物滴加1滴试剂。

（5）保存：置4℃冰箱，培养基2周内用完。试剂置密闭的棕色瓶内，可使用3个月。

2）V–P 试验。

（1）接种：取 18～24h 培养物小量接种，35℃培养 24～48h，有时可能延长数天。有些细菌，特别是蜂房哈夫尼亚菌，在 35℃培养时 V–P 试验结果不稳定，但在 25～30℃下则呈阳性。若怀疑为蜂房哈夫尼亚菌，可重复 V–P 试验并在 25℃培养。

（2）观察方法：

①奥梅拉（O–Meara）法。

试剂：氢氧化钾 40g、肌酐 0.3g、去离子水 100mL。

方法：首先将氢氧化钾用去离子水溶解，然后加肌酐保存 3～4 周。观察时按培养物与试剂 10∶1 比例滴加试剂，混合，置 37℃培养 4h 或 48℃培养 2h，充分振摇，出现红色为阳性。

②贝立脱（Barritt）法。

甲液：60g/L 甲–萘酚（α–萘酚）酒精溶液（甲–萘酚 6g＋95％酒精溶液 100mL）；乙液：400g/L 氢氧化钾溶液。

方法：观察时按每 2mL 培养物加甲液 1mL、乙液 0.4mL 的比例进行混合，置 35℃培养 15～30min，出现红色为阳性，若无红色，应置 35℃培养 4h 后再判定。本法较奥梅拉法敏感。

（3）质量控制：大肠埃希菌 ATCC 25922 阴性；阴沟肠杆菌阳性。

（4）保存：培养基置 4℃冰箱，2 周内用完。试剂易失效，应用前应进行质量控制。

（5）加入奥梅拉法试剂后要充分混合，促使乙酰甲基甲醇氧化，使反应易于进行。

（6）试剂必须用已知阳性和阴性的标准菌株进行对照检查。

（7）试剂中加入氢氧化钾是为了吸收二氧化碳。

（8）贝立脱法是相当敏感的，它可检出奥梅拉法试验阴性的某些细菌。

（9）许多实验室工作人员有一个错误的印象，即 V–P 试验阳性菌的甲基红试验自然是阴性的，或反之亦然。实际上肠杆菌科的大多数细菌产生相反的反应（由于乙酰甲基甲醇形成，碱性增加导致甲基红阴性和 V–P 阳性）。某些细菌如蜂房哈夫尼亚菌 37℃下孵育和奇异变形杆菌可产生甲基红和 V–P 试验同时阳性的反应，后者常延迟出现。

（10）含甲–萘酚酒精溶液后试剂易失效，试剂放室温暗处可保存 1 个月。氢氧化钾溶液可长期保存。国内多采用贝立脱法。

六十五、葡萄糖酸盐试验培养基

1. 成分：蛋白胨 1.5g、磷酸氢二钾 1g、酵母浸膏 1g、葡萄糖酸钾 40g 或葡萄糖酸钠 37.25g、去离子水。

2. 制备：将上述成分加热溶解于去离子水中，调节 pH 至 7.0，加去离子水至 1000mL，分装试管，每管 2mL，经 115.6℃（68.95kPa）高压灭菌 15min 后，冷却备用。

3. 用途：用于属间鉴别、种间鉴别和沙雷菌属菌种的鉴定。

4. 注。

（1）接种：取待检菌大量接种于培养基中，35℃培养 24～48h，加班氏试剂 1mL，

49

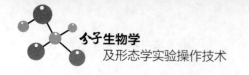

充分混匀，隔水加热煮沸 10min，观察结果。产生黄－橙色沉淀为阳性，蓝色沉淀为阴性。

（2）质量控制：肺炎克雷伯菌 ATCC 27236 阳性；大肠埃希菌 ATCC 25922 阴性。

六十六、葡萄糖肉汤（血液增菌培养基）

1. 成分：肉浸液（肉膏汤）1000mL、葡萄糖 3g、枸橼酸钠 3g、磷酸氢二钾 2g、0.5％对氨基苯甲酸水溶液 10mL、24.7％硫酸镁溶液 20mL、青霉素酶 1000U。

2. 制备：

（1）将上述成分（24.7％硫酸镁溶液除外）混合于肉浸液（肉膏汤）中，加热溶解，继续煮沸 5min，并补足失去的水分，调节 pH 至 7.6。

（2）用滤纸过滤后分装于带有反口橡皮塞的玻璃瓶内，每瓶装 50mL，115.6℃（68.95kPa）高压灭菌 20min，制成无菌肉汤。

（3）配制 24.7％硫酸镁溶液，113℃（55.16kPa）高压灭菌 15min。

（4）于每瓶无菌肉汤中加入 24.7％硫酸镁溶液 1mL，经无菌试验合格后，冷却备用。

3. 用途：用于血液增菌培养。

4. 注。

（1）接种：将采取的血液标本以无菌操作方式注入培养基中（每 1mL 血液对应 10mL 培养基），置 35℃恒温培养箱内培养，每日取出观察一次结果。如有细菌生长，可出现数种不同的表现，应随时做分离培养，可选用血琼脂、伊红－美蓝琼脂及巧克力培养基等。无细菌生长表现的培养基，需连续观察 7d，仍无细菌生长方可弃去。在观察的过程中，至少应做 2 次分离培养。

（2）枸橼酸钠为抗凝剂，使血液不凝固，同时可减少白细胞对细菌的吞噬作用，提高阳性检出率。

（3）0.5％对氨基苯甲酸水溶液用以消除血液中磺胺类药物的作用。

（4）24.7％硫酸镁溶液能消除血液中存在的抗生素，如四环素、金霉素、新霉素、多黏菌素及链霉素等的作用，但对氯霉素无效。

（5）若患者经青霉素治疗后需进行血液培养时，则该培养基内应加入青霉素酶，按每瓶加入青霉素酶 50U 的比例，以消除青霉素的作用。

（6）该培养基近年来有许多改良配方，如加入 0.3％～0.5％酵母浸膏以增菌培养；加入 0.2％核酸刺激细菌生长；加入 0.1％黏液素覆于细菌的表面，使细菌免受抗体破坏；加入 SPS 可提高检出率。

六十七、普通营养琼脂培养基

1. 成分：肉浸液（肉膏汤）1000mL、琼脂 20～25g。

2. 制备：

（1）取已制备好的肉浸液（肉膏汤）置于三角烧瓶中，加入琼脂，加热溶解。

（2）分装于三角烧瓶或试管内，加上塞子，121.3℃（103.43kPa）高压灭菌 20min。

（3）根据不同用途分装，制成斜面或倾注无菌平板，4℃冰箱保存备用。

①琼脂斜面培养基制法：高压灭菌后，趁琼脂尚未凝固，将其分装在已灭菌的试管内，斜放在台面上，待凝固后即成琼脂斜面培养基。

②琼脂平板培养基制法：高压灭菌后的培养基冷却至 50～55℃时，打开瓶口棉塞，将琼脂倒入已灭菌的平板内（直径 9cm 的平板约需培养基 20mL，直径 7cm 的平板约需培养基 15mL），待凝固后即成琼脂平板培养基。琼脂平板培养基制成后通常都是倒置的。这种放置既便于取放，又避免水分蒸发，以及保持无菌状态。

3. 用途：适用于大多数没有特殊营养要求的细菌培养、传代、保种，以及作为血琼脂培养基的基础培养基，另外，还可用来测定菌落数目。

4. 注：

（1）该培养基含有氮源、碳源和微量无机盐，适合一般细菌的生长繁殖。

（2）琼脂是从石花菜等海藻类中提取的一种物质，其化学成分主要是多糖，当温度达到 98℃以上时，可溶于水，45℃以下凝固。

（3）制备琼脂平板培养基时，培养基的温度不可过高，若温度过高，则平板内冷凝水太多，易引起污染。

（4）若需调节 pH，则最好在加入琼脂前调节或加入琼脂后加热时趁热调节。

六十八、七叶苷琼脂

1. 成分：糖发酵基础液（无指示剂）1000mL、枸橼酸铁 0.5g、七叶苷 1g、琼脂 15g。

2. 制备：

（1）将上述成分加热溶解于糖发酵基础液（无指示剂），调节 pH 至 7.0。

（2）分装试管，每管 3～4mL，经 115.6℃（68.95kPa）高压灭菌 15min 后，制成斜面备用。

3. 用途：用于七叶苷水解试验。

六十九、巧克力培养基

1. 成分：普通营养琼脂 1000mL，无菌脱纤维马血、羊血或兔血 100mL。

2. 制备：

（1）将普通营养琼脂隔水加热熔化，然后在温度 80～90℃时以无菌方式加入无菌脱纤维马血、羊血或兔血，摇匀后置 90℃水浴锅中，维持该温度 15min，使之呈巧克力色后取出，至室温冷至约 50℃，倾注无菌平板。

（2）凝固后，抽样置于 35℃培养 18～24h，如无细菌生长，4℃冰箱保存备用。

3. 用途：主要用于流感嗜血杆菌的分离，亦可用于奈瑟菌的增菌培养。

4. 注。

（1）原理：流感嗜血杆菌需要依赖血液中的 X 及 V 因子方能生长繁殖，当普通营养琼脂加热至 80～90℃时，可使血液中的红细胞破裂，有利于流感嗜血杆菌的生长培养。

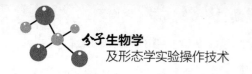

凡疑有这类菌种存在，标本均应接种于该平板上。血液标本培养，增菌后有细菌生长，若移种到该平板上，则有利于分离更多的细菌。

（2）接种：将可疑标本直接划线接种于该平板上，置于35℃普通培养或置于含5%~10% CO_2 的环境中培养18~24h，取出观察细菌生长状况。观察结果：流感嗜血杆菌菌落微小（直径约0.8mm），无色透明，光滑整齐，似露滴状，48h后达1.5mm。从血液或脑脊液中分离的菌落往往形成露滴状，菌落较大，培养物菌落中心凹陷。

（3）质量控制：流感嗜血杆菌ATCC 10211，生长良好，菌落典型；肺炎链球菌ATCC 6305，生长良好，菌落典型。

七十、氰化钾试验培养基

1. 成分：蛋白胨10g、氯化钠5g、磷酸二氢钾0.225g、磷酸氢二钠4.5g、50g/L氰化钾溶液1.5mL、去离子水。

2. 制备：将上述成分（50g/L氰化钾溶液除外）加热溶解于去离子水中，加去离子水至1000mL，121.3℃（103.43kPa）高压灭菌15min，临用时一份加入50g/L氰化钾溶液1.5mL混匀（氰化钾试验管），分装于无菌试管中；另一份不加50g/L氰化钾溶液作为对照（对照管）。

3. 用途：主要用于属间的鉴别，弗氏枸橼酸杆菌、克雷伯菌、肠杆菌菌群、铜绿假单胞菌生长，沙门菌－亚利桑那菌群、大肠埃希菌、粪产碱杆菌不生长。

4. 注。

（1）接种：取纯培养物接种两管，1支氰化钾试验管，1支对照管，置35℃培养24~72h。阳性结果为氰化钾试验管混浊（生长），对照管混浊（生长）；阴性结果（敏感）为氰化钾试验管清晰（不生长），对照管混浊（生长）。

（2）质量控制：铜绿假单胞菌ATCC 27853生长；福氏志贺菌不生长。

（3）氰化钾抑菌能力与接种菌量及培养基成分有很大关系，所以在试验时接种菌量不宜过多。

（4）氰化钾剧毒，使用时注意安全。氰化钾试验培养基废弃前（无论是否用过），应进行无害化处理（向每管加400g/L氢氧化钾溶液0.1mL和米粒大的硫酸亚铁结晶）。

七十一、庆大霉素琼脂

1. 成分：蛋白胨10g、牛肉膏3g、氯化钠5g、枸橼酸钠10g、无水亚硫酸钠3g、蔗糖10g、琼脂15~20g、双抗液2mL、去离子水。

2. 制备：

（1）将上述成分（双抗液除外）加热溶解于去离子水中，调节pH至8.4，加去离子水至1000mL，分装，121.3℃（103.43kPa）高压灭菌15min。待冷至50℃时，每100mL溶液中加入双抗液0.2mL，倾注无菌平板备用。

（2）如果标本中杂菌较多，可另加0.5%亚碲酸钾水溶液适量，再倾注无菌平板。最后每毫升培养基内含有庆大霉素0.5U、多黏菌素B 6IU、亚碲酸钾1/20U。

3. 用途：供霍乱弧菌分离培养用。

4. 注。

（1）原理：蛋白胨、牛肉膏提供氮源、维生素和生长因子，氯化钠维持均衡的渗透压，蔗糖提供碳源，琼脂是培养基的凝固剂，亚硫酸钠可刺激弧菌生长。另外，该培养基以碱性琼脂作为基础，由于霍乱弧菌对酸性环境比较敏感，因此，该培养基可促进其生长。培养基中加入枸橼酸钠、亚硫酸钠、庆大霉素及多黏菌素 B 来抑制革兰阳性和阴性杆菌的生长，而对霍乱弧菌无抑制性。在标本中杂菌较多时加入亚碲酸钾，对杂菌抑制效果更好，分离率更高。

（2）接种：将粪便标本增菌培养物划线接种到平板上，置 35℃培养 16～18h。由于该培养基抑制性强，而霍乱弧菌生长迅速，16～18h 菌落达 2mm，菌落青灰色，半透明，扁平，光滑湿润。培养时间长，菌落略呈黄色、隆起，中心厚而不透明。

（3）质量控制：霍乱弧菌（小川型、稻叶型）生长良好，培养 18～24h 菌落直径 2.5～3.0mm；大肠埃希菌和变形杆菌受抑制。

（4）双抗液的配制：98mL 去离子水中加入庆大霉素（25000U/mL）1mL，多黏菌素 B（30 万 IU/mL）1mL。-20℃冰箱保存，1 个月内用完。

七十二、溶血性弧菌选择性琼脂平板

1. 成分：蛋白胨 20g、氯化钠 40g、琼脂 17g、300g/L 氢氧化钾溶液适量、1：10000 结晶紫溶液 5mL、去离子水。

2. 制备：

（1）将上述固体成分加热溶解于去离子水中，调节 pH 至 8.7（加 300g/L 氢氧化钾溶液适量），煮沸过滤后加入 1：10000 结晶紫溶液，加去离子水至 1000mL。

（2）121.3℃（103.43kPa）高压灭菌 30min，待冷至 55℃左右时，倾注无菌平板备用。

3. 用途：用于分离培养副溶血性弧菌。

七十三、肉膏汤培养基

1. 成分：蛋白胨 10g、牛肉膏 3～5g、氯化钠 5g、去离子水。

2. 制备：将上述成分混合于 1000mL 去离子水中，加热溶解，调节 pH 至 7.2～7.4，煮沸 3～5min，用滤纸过滤，加去离子水至 1000mL，分装于适当容器内，121.3℃（103.43kPa）高压灭菌 20min，4℃冰箱保存备用。

3. 用途：用于一般细菌培养，亦可制备糖发酵管及琼脂培养基。

4. 注。

（1）原理：该培养基含有氮源及微量无机盐，适宜一般细菌的生长繁殖，属于基础的培养基。

（2）其中 3～5g 牛肉膏和 1000mL 去离子水加热溶解即为牛肉浸液。

七十四、肉浸液培养基（肉汤）

1. 成分：新鲜碎牛肉 500g、蛋白胨适量、氯化钠适量、氢氧化钠适量、去离

子水。

2. 制备：

（1）将新鲜牛肉去除脂肪、筋膜及肌腱，切成小块后用绞肉机绞碎（或用刀剁碎）。取 500g 新鲜碎牛肉，加去离子水 1000mL，搅匀浸于搪瓷锅或铝制锅内，置于 4℃冰箱中冷浸过夜，除去液面上的浮油。

（2）次日取出，煮沸 30min（并不断搅拌，以免沉底、烧焦），若不经冰箱过夜，可直接煮沸 1h，并补足失去的水分。

（3）冷却后，用绒布或麻布挤压过滤，使所有的牛肉浸液尽量挤出，再用脱脂棉滤入三角烧瓶内。

（4）按 1000mL 牛肉浸液中加入蛋白胨 10g、氯化钠 5g 的比例混合，搅拌加热使之完全溶解。

（5）冷却至 50℃以下时，用氢氧化钠调节 pH 至 7.6～7.8，煮沸 10min，然后补足失去的水分。

（6）用滤纸过滤，分装于三角烧瓶或试管内，加上塞子，121.3℃（103.43kPa）高压灭菌 20min，4℃冰箱保存备用。

3. 用途：用于基础培养，肉浸液培养基营养比肉膏汤培养基好，一般营养要求不高的细菌均可生长。

4. 注：

（1）新鲜碎牛肉加水后 4℃冰箱过夜的目的是使牛肉中的水溶性成分渗透出来。

（2）若煮沸时间不足，则有部分蛋白质未能凝固，使滤液很难澄清。

（3）调节 pH 后煮沸 10min 的目的是使酸碱度得以稳定并使沉淀物下沉。

七十五、pH9.6 的肉汤培养基

1. 成分：pH9.6 的肉汤 1000mL、葡萄糖 2g。

2. 制备：将普通肉汤 pH 调节至 9.6，加入葡萄糖溶解，分装试管，每管 2～3mL，115.6℃（68.95kPa）高压灭菌 15min 后备用。

3. 用途：用于鉴定链球菌。

4. 注。

（1）接种：将待检菌接种于该培养基中，置 35℃培养 18～24h。培养基有混浊物为阳性。

（2）质量控制：粪肠球菌 ATCC 29212 阳性；化脓性链球菌 ATCC 10389 阴性。

七十六、三糖铁琼脂（TSIA）

1. 成分：蛋白胨 20g、牛肉膏 5g、蔗糖 10g、乳糖 10g、葡萄糖 1g、氯化钠 5g、硫酸亚铁铵 0.2g、硫代硫酸钠 0.2g、琼脂 15g、0.4%酚红水溶液 6mL、去离子水。

2. 制备：将上述成分（蔗糖、乳糖、葡萄糖和 0.4%酚红水溶液除外）加热溶解于去离子水中，调节 pH 至 7.2～7.6，再加入蔗糖、乳糖、葡萄糖和 0.4%酚红水溶液，混匀过滤，加去离子水至 1000mL，分装试管，每管 4mL，115.6℃（68.95kPa）

高压灭菌 15min，取出后制成高层斜面，下端保持一段底柱（约占 2/5），4℃冰箱保存备用。

3. 用途：用于肠杆菌科细菌的初步生化鉴定，也可用于非发酵菌的初步鉴定。

4. 注。

（1）接种：取待检菌的纯培养物，用接种针进行底层穿刺和斜面划线接种，置 35℃培养 18～24h。发酵乳糖或蔗糖的细菌可使斜面及底层均变黄色。不发酵乳糖和蔗糖的细菌仅发酵葡萄糖时使底层变黄，斜面变红。产生硫化氢的细菌可使底层或整个培养基呈黑色。分解乳糖或蔗糖后产气时有些细菌还能使培养基断裂。

（2）质量控制：伤寒沙门菌 K/A，硫化氢阳性；副伤寒沙门菌 K/A，硫化氢阳性；痢疾志贺菌 K/A；大肠埃希菌 A/A；普通变形杆菌 A/A，硫化氢阳性；铜绿假单胞菌 K/K。

（3）该培养基 pH 为 7.5 时使用效果最佳。

七十七、35g/L 食盐琼脂

1. 成分：蛋白胨 20g、氯化钠 35g、琼脂 17g、去离子水。

2. 制备：将上述成分加热溶解于去离子水中，调节 pH 至 7.7，过滤，加去离子水至 1000mL，分装试管，121.3℃（103.43kPa）高压灭菌 15min，取出后制成斜面，4℃冰箱保存备用。

3. 用途：用于培养和鉴定副溶血性弧菌。

七十八、沙保弱培养基

1. 成分：蛋白胨 10g、葡萄糖（麦芽糖）40g、琼脂 20g、去离子水。

2. 制备：将上述成分加热溶解于去离子水中，调节 pH 至 5.8～6.2 或可不调节，加去离子水至 1000mL，分装三角烧瓶或试管，115.6℃（68.95kPa）高压灭菌 15min 后，倾注无菌平板或制成斜面，无菌试验合格后，4℃冰箱保存备用。

3. 用途：真菌常规培养基，用于真菌及酵母样真菌的分离培养、菌种保存等。大多数真菌在沙保弱培养基中经过 1～2 周培养可出现典型菌落。

4. 注。

（1）接种：将待检菌接种于该培养基中，若系血液标本，则采取 1～2mL，与冷却至 45℃左右的沙保琼脂混合，倾注接种平板。分别置 35℃和 25℃恒温培养箱内同时培养。35℃需培养 48h，25℃需连续培养 5d，逐日观察结果。发现真菌及酵母样可疑菌落后转种该培养基，获得纯培养后进行鉴定。

（2）质量控制：白色念珠菌和新型隐球菌生长良好。

（3）该培养基如不加入琼脂，即为沙保弱液体培养基，供真菌及念珠菌的增菌培养用。

（4）在分装前可加入氯霉素 5～125mg 及放线菌酮 100～150mg，前者可抑制细菌生长，后者可抑制霉菌及隐球菌生长，从而有利于其他病原真菌的生长。这两种药均耐热，可直接加入培养基内高压灭菌。

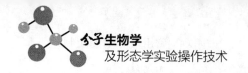
（5）添加酵母浸膏 5mg/mL，可促进皮肤癣菌生长。添加维生素 B 0.1mg/mL，可促进紫色癣菌和断发癣菌生长。

（6）将麦芽糖浓度减少到 20g/L，即为沙保弱 20g/L 麦芽糖琼脂培养基，可供诱导真菌产生孢子用。

七十九、山梨醇麦康凯琼脂（SMAC 培养基）

1. 成分：蛋白胨 5g、际胨 3g、氯化钠 5g、胆盐 5g、山梨醇 10g、琼脂 12g、0.01％结晶紫水溶液 1mL、0.5％中性红水溶液 5mL、去离子水。

2. 制备：

（1）将上述成分（0.5％中性红水溶液、琼脂、0.01％结晶紫水溶液、山梨醇除外）加热溶解于去离子水中，调节 pH 至 7.2，再加入琼脂加热煮沸溶解，加去离子水至 1000mL。

（2）分装三角烧瓶，每瓶 100mL，经 121.3℃（103.43kPa）高压灭菌 20min，备用。

（3）临用时，加热溶解，再加入山梨醇、0.5％中性红水溶液及 0.01％结晶紫水溶液，摇匀倾注无菌平板。

（4）如果需要，可在培养基冷却至 45～50℃时，每升培养基加入亚碲酸钾 2.5g、头孢克肟 0.05g（亚碲酸钾抑制非 O157 大肠埃希菌，头孢克肟抑制变形杆菌）。

3. 用途：用于致病性、侵袭性和产毒性大肠埃希菌的分离和培养。另外，山梨醇麦康凯琼脂被推荐在临床和食品检测中用于大肠埃希菌 O157：H7 的研究。山梨醇麦康凯琼脂是 FDA 和 ISO 16654 规定的大肠埃希菌 O157：H7 检测的标准培养基。

4. 注。

（1）原理：该培养基配方与麦康凯琼脂培养基相似，但麦康凯琼脂中的乳糖在这里被山梨醇代替，用于区别致病性大肠埃希菌的不同血清型，这些菌株通常不能发酵山梨醇。在麦康凯琼脂培养基上无法将这些菌株与其他乳糖发酵型大肠埃希菌区别开来。蛋白胨提供氮源、维生素、矿物质和氨基酸。胆盐和结晶紫作为大部分革兰阳性菌尤其是葡萄球菌的抑制剂。氯化钠维持电解质和渗透压平衡。中性红是酸碱指示剂，变色范围为 pH6.8（红色）～8.0（黄色）。山梨醇作为可发酵的碳源。山梨醇发酵型大肠埃希菌发酵产酸，使得培养基 pH 降低，培养基颜色由橘红色变为红色。

绝大多数大肠埃希菌能够发酵山梨醇，形成粉色至红色菌落，一般在菌落周围形成一圈红色胆盐沉降环。但是致病性、侵袭性和产毒性大肠埃希菌中的部分菌株不发酵山梨醇，在此培养基上生长的菌落呈无色，大肠埃希菌 O157：H7 不能发酵山梨醇，形成无色菌落。

（2）接种：将待检菌液的活增菌液直接分离到该培养基上，置 35℃培养 18～24h。与麦康凯琼脂培养基的不同之处是采用该培养基挑取致病性大肠埃希菌的菌落时，以无色菌落为主，但也不能放弃红色菌落。

（3）质量控制：大肠埃希菌 ATCC 25922 不生长；大肠埃希菌 O157：H7（即菌号 ATCC 35150）生长良好，菌落无色，中心黑褐色；金黄色葡萄球菌 ATCC 25923 不生长。

八十、10B 肉汤

1. 基础培养基成分：去离子水、无结晶紫支原体肉汤（BD）14mL、精氨酸 2g、DNA0.2g、1％酚红水溶液（每月新鲜配制）1mL、2mol/L 盐酸溶液适量。

2. 制备：将上述成分（2mol/L 盐酸溶液除外）溶于去离子水中，混匀，用 2mol/L 盐酸溶液调节 pH 至 5.5，加去离子水至 1000mL，121℃（103.43kPa）15min 高压灭菌即成基础培养基。如果用于琼脂平板，冷却至 56℃水浴。

添加物：马血清 200mL、25％酵母提取物（Difico）100mL、IsoVitaleX（BD）5mL、10％ L－半胱氨酸（加入当天配制）2.5mL。

每种成分分别配制，不是无菌的需过滤除菌，随后加入基础培养基中，调节 pH 至 5.9～6.1，置 4℃冰箱可保存 3 个月。

3. 用途：用于解脲脲原体和人型支原体的培养。

八十一、4 号琼脂

1. 成分：蛋白胨 10g、氯化钠 5g、牛肉膏 3g、无水亚硫酸钠 3g、枸橼酸钠 10g、猪胆汁粉 5g 或鲜猪胆汁 30mL、十二烷基硫酸钠 0.5g、1％雷佛奴尔（利凡诺）3mL、琼脂 20g、500U/mL 庆大霉素 1mL、1％亚碲酸钾溶液 1mL、去离子水。

2. 制备：

（1）将上述成分（琼脂、指示剂、1％亚碲酸钾溶液及 500U/mL 庆大霉素除外）放于玻璃或搪瓷容器内（严禁用铝制等金属容器），加入去离子水，加热溶解，调节 pH 至 8.0，然后加入琼脂和指示剂，煮沸至琼脂溶化。

（2）待冷却至 60℃左右时，加入 1％亚碲酸钾溶液及 500U/mL 庆大霉素，加去离子水至 1000mL，混匀后倾注无菌平板。

3. 用途：用于霍乱弧菌的选择性分离培养。

4. 注。

（1）原理：该培养基中的庆大霉素主要抑制革兰阴性菌生长，十二烷基硫酸钠和雷佛奴尔（利凡诺）主要抑制革兰阳性菌生长，这 3 种成分还有协同作用，故该培养基抑制杂菌的能力很强，为选择性培养基。由于亚硫酸钠和枸橼酸钠有促进霍乱弧菌生长的作用，胆汁有保护霍乱弧菌和促进生长的双重作用，在该培养基上霍乱弧菌能使亚碲酸钾还原成碲，形成中心呈黑色、边缘呈淡黄色的大菌落，与其他杂菌的小菌落很容易区别。

（2）接种：取待检菌划线接种于该培养基上，置 35℃培养过夜。8h 即可初步观察结果，24h 霍乱弧菌呈中心黑色、较大而扁平的菌落，较易区别。

（3）质量控制：配成的培养基呈亮黄色，透明。霍乱弧菌（稻叶型和小川型）均生长良好，大肠埃希菌 ATCC 25922 不生长。

（4）500U/mL 庆大霉素和 1％亚碲酸钾溶液应新鲜配制并置 4℃冰箱保存。

（5）1％雷佛奴尔（利凡诺）应避光保存，而且每批均应预试后方可使用。成品培养基应避光保存。

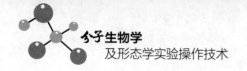
及形态学实验操作技术

八十二、四硫磺酸盐（TT）增菌液

1. 成分：际胨或多胨 5g、硫代硫酸钠 30g、碳酸钙 10g、胆盐 1g、碘液 20mL、去离子水。

2. 制备：

（1）将上述成分（碘液除外）加热溶解于去离子水中，不必调节 pH，加去离子水至 1000mL，分装试管，每管 10mL，分装时应充分振摇，使碳酸钙能均匀地分装到各试管内。121.3℃（103.43kPa）高压灭菌 10min 后备用。

（2）临用时，于每支试管内加碘液 0.2mL，混匀即可。碘液配制方法：碘 6g、碘化钾 5g，溶于 20mL 去离子水中，保存于棕色瓶内备用。

3. 用途：用于沙门菌增菌培养。

4. 原理：四硫磺酸盐增菌液中的碘氧化硫代硫酸钠形成四硫磺酸钠。四硫磺酸钠对大肠埃希菌有抑制作用，有利于沙门菌的生长，对志贺菌有一定的抑制作用。碳酸钙具有缓冲作用，使沙门菌不至于因四硫磺酸盐增菌液酸碱度的改变而死亡。

八十三、苏通培养基

1. 成分：天门冬素 4g、甘油 60mL、枸橼酸 2g、磷酸氢二钾 0.5g、七水硫酸镁 0.5g、枸橼酸铁铵 0.05g、去离子水。

2. 制备：

（1）除甘油外，其他成分先用少量去离子水加热溶解，再加入甘油。

（2）调节 pH 至 7.0，用脱脂棉过滤，加去离子水至 1000mL，分装烧瓶。

（3）121.3℃（103.43kPa）高压灭菌 20min 后备用。

3. 用途：用于结核杆菌或卡介苗培养。

4. 注：本培养基为液体状态，一般使用较多，用于观察结核分枝杆菌表面生长的特点。

八十四、碳源利用试验培养基

1. 成分：磷酸氢二铵 0.5g、磷酸二氢钾 1.3g、磷酸氢二钠 3.2g、硫酸钠 0.8g、硝酸钠 1g、去离子水。

2. 制备：将上述成分溶于去离子水中，调节 pH 至 7.2，加去离子水至 1000mL，分装，115.6℃（68.95kPa）高压灭菌 15min 后备用。

3. 用途：用于测定细菌利用碳源的能力。

4. 注。

（1）接种：将待检菌制成低浓度的 9g/L 氯化钠溶液菌悬液，接种于该培养基中，于适当的温度下培养 24~48h。若有细菌生长即为阳性，反之为阴性。

（2）质量控制：菌液不可太浓，否则结果不易观察。应设已知菌的阴性、阳性对照。可用多种细菌试验一种含碳化合物，亦可用多种含碳化合物试验一种细菌。

（3）使用的含碳化合物主要为各种糖类和有机酸类。

（4）不能用一支试管做多项试验。

八十五、兔血肉汤培养基

1. 成分：肉浸液 100mL、无菌脱纤维兔血 2mL。

2. 制备：在肉浸液中采用无菌操作加入无菌脱纤维兔血，混匀后分装试管（12mm×100mm），每管 2mL，置 35℃恒温培养箱中过夜，证明无菌后使用。

3. 用途：用于嗜血杆菌属细菌对凝血因子 X、V 利用情况的检测。

八十六、我妻血培养基

1. 成分：蛋白胨 10g、酵母浸粉 3g、氯化钠 70g、磷酸氢二钾 5g、甘露醇 5g、琼脂 15g、结晶紫 0.001g、新鲜兔血红细胞适量、去离子水。

2. 制备：

（1）将上述成分（结晶紫、新鲜兔血红细胞除外）加热溶解于去离子水中，调节 pH 至 8.0，煮沸过滤后加入结晶紫，加去离子水至 1000mL。

（2）分装三角烧瓶，每瓶 100mL，115.6℃（68.95kPa）高压灭菌 10min，待冷至 50℃左右时，每瓶加入洗过的新鲜兔血红细胞（用生理盐水洗兔血红细胞，洗 3 次恢复至原来的兔血体积）5mL，混匀，倒入已凝固的营养琼脂平板内，制成重层平板，供当天用。

3. 用途：用于副溶血性弧菌的溶血试验（Kanagawa 现象即神奈川现象）。

4. 原理：酵母浸粉、蛋白胨提供氮源、维生素、生长因子；高盐可以抑制非弧菌类细菌的生长，不影响副溶血性弧菌生长；磷酸氢二钾为 pH 缓冲剂；甘露醇为可发酵的醇；结晶紫抑制革兰阳性菌，特别是革兰阳性杆菌和粪链球菌的生长；兔血红细胞用于检测副溶血性弧菌是否具有特定溶血素；琼脂为凝固剂。

八十七、戊烷脒琼脂平板

1. 成分：蛋白胨 10g、牛肉膏 5g、氯化钠 5g、琼脂 18g、1∶30 戊烷脒水溶液 1mL、多黏菌素 B（1000IU/mL）5mL、无菌脱纤维羊血 2mL、去离子水。

2. 制备：

（1）将上述成分［1∶30 戊烷脒水溶液、多黏菌素 B（1000IU/mL）、无菌脱纤维羊血除外］加热溶解于去离子水中，调节 pH 至 7.6，加热，用绒布或棉花过滤，加去离子水至 1000mL。

（2）将上述溶液分装三角烧瓶，每瓶 100mL，121.3℃（103.43kPa）高压灭菌 15min。

（3）待冷却至 55℃左右，采用无菌操作每瓶加入 1∶30 戊烷脒水溶液 0.1mL、多黏菌素 B（1000IU/mL）0.5mL 及无菌脱纤维羊血 2mL，充分摇匀，倾注无菌平板。凝固后置 4℃冰箱备用。

3. 用途：用于炭疽芽胞杆菌的培养，可鉴别其为有毒株或无毒株。

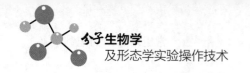

八十八、硝酸盐蛋白胨水培养基（硝酸盐还原试验用培养基）

1. 成分：蛋白胨 5g、硝酸钾（不含 NO_2^-）0.2g、去离子水。

2. 制备：

（1）将上述成分加热溶解于去离子水中，调节 pH 至 7.4，加去离子水至 1000mL。

（2）分装试管，每管 4mL，加上塞子，121.3℃（103.43kPa）高压灭菌 15min，4℃冰箱保存备用。

3. 用途：

（1）用于检测细菌对硝酸盐的还原能力。肠杆菌科细菌均能还原硝酸盐为亚硝酸盐，如铜绿假单胞菌能还原硝酸盐并产生氮气等，而有些细菌则无此特性，故可以进行鉴别。

（2）霍乱红反应试验用。

4. 注。

（1）接种：将待检菌接种于该培养基中，经 35℃ 培养 1～4d，每天吸取培养液 1mL，加入甲液、乙液（甲液：对氨基苯磺酸 0.8g，5mol/L 冰醋酸 100mL；乙液：α-萘胺 0.5g，5mol/L 冰醋酸溶液 100mL）各 2 滴，阳性者立刻或数秒钟内显红棕色，阴性者则不变色。

（2）质量控制：大肠埃希菌 ATCC 25922 阳性；硝酸盐阴性不动杆菌 ATCC 15038 阴性。

（3）因亚硝酸盐在自然界中分布很广，制备此培养基时所用器皿均要清洗干净。

（4）硝酸盐还原试验很敏感，未接种的硝酸盐还原试验用培养基应以试剂进行检查，确定培养基中不存在亚硝酸盐，从而排除假阳性结果。

（5）必须在加甲液、乙液后立即观察，否则可因培养基迅速褪色而影响判定。

（6）沙门菌属、假单胞菌属的某些细菌，不仅能还原硝酸盐为亚硝酸盐，而且能使亚硝酸盐继续分解生成氨和氮，导致假阴性结果。

（7）若加入甲液、乙液不出现红棕色，则需检查硝酸盐是否被还原。可于原试管内再加入少许锌粉，若出现红棕色证明产生芳基肼，则表示硝酸盐仍然存在；若仍不产生红棕色，则表示硝酸盐已被还原为氨和氮。亦可在培养基内加 1 支倒立小试管，若有气泡产生，则表示有氮气生成，可以排除假阴性。

八十九、溴甲酚紫牛乳培养基

1. 成分：新鲜脱脂牛乳 400mL、1.6% 溴甲酚紫溶液 0.4mL。

2. 制备：

（1）取新鲜牛乳约 500mL，置于锥形瓶中，置阿罗氏流通蒸汽锅中加热 15min，晾冷，再放 4℃冰箱 2～4h，让脂肪上浮，然后用泡状管吸出 400mL 新鲜脱脂牛乳，再将新鲜脱脂牛乳间歇灭菌 3 次。

（2）以无菌技术加入 1.6% 溴甲酚紫溶液，混匀分装，然后移入恒温培养箱 3～4d，选无菌生长者使用。

3. 用途：用于产气荚膜杆菌培养。

4. 注：将细菌接种于培养基后，要在培养基表面封一层灭菌凡士林，厚约 5mm。

九十、溴甲酚紫葡萄糖蛋白胨水培养基

1. 成分：蛋白胨 10g、葡萄糖 5g、2％溴甲酚紫酒精溶液 0.6mL、去离子水。

2. 制备：

（1）将上述固体成分混合于去离子水中，调节 pH 至 7.0～7.2。

（2）加入 2％溴甲酚紫酒精溶液（取溴甲酚紫 2g，溶于 100mL 95％酒精溶液中）0.6mL，摇匀，加去离子水至 1000mL，分装试管，每管 5mL，加上塞子，115.6℃（68.95kPa）高压灭菌 15min，4℃冰箱保存备用。

3. 用途：用于压力蒸汽灭菌过程监测指示菌（嗜热脂肪杆菌芽胞）的培养及灭菌效果测定。

九十一、血琼脂培养基

1. 成分：普通营养琼脂（pH7.6）1000mL、无菌脱纤维羊（兔）血 80～100mL。

2. 制备：

（1）将已灭菌的普通营养琼脂（pH7.6）隔水加热熔化，并冷却至 50℃左右。

（2）以无菌操作加入无菌脱纤维羊（兔）血，轻轻摇动使之混合均匀（勿产生气泡），倾注无菌平板，每板以盖满板底为度，或分装试管制成斜面。待凝固后，抽样置于 35℃培养 18～24h，如无细菌生长，置 4℃冰箱备用。

3. 用途：适用于各类需氧及兼性厌氧细菌生长，一般细菌学检验标本的分离培养、溶血鉴别及菌种保存。

4. 注。

（1）原理：无菌脱纤维羊（兔）血是细菌生长繁殖的良好营养物质。在 50℃左右的普通营养琼脂中加入无菌脱纤维羊（兔）血可以保存血液中某些不耐热的生长因子，同时血细胞不被破坏。若将氯化钠溶液的浓度提高到 0.85％，则可使板血琼脂培养基经 35℃ 18～24h 培养后色泽仍然鲜艳。在血琼脂培养基上除可以观察菌落的形态外，还可以判断溶血的情况：菌落周围的红细胞完全破坏为 β－溶血，菌落周围呈绿色为 α－溶血。溶血的情况可以在显微镜下用低倍镜观察。

（2）接种：取标本增菌培养物或纯培养物划线接种到该培养基上，置 35℃培养 1～2d，观察结果。

（3）质量控制：化脓性链球菌 ATCC 19615，生长良好，β－溶血；肺炎链球菌 ATCC 6303，α－溶血；表皮葡萄球菌 ATCC 12228，生长良好，不溶血。

九十二、血清菊糖试验培养基

1. 成分：无菌血清（兔血清或牛血清）25mL、0.1％酚红水溶液 2mL、菊糖 1g、去离子水 75mL。

2. 制备：

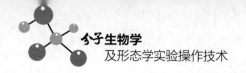

（1）将无菌血清（兔血清或牛血清）与去离子水混合，置阿诺灭菌器内加热15min，以破坏血清内的淀粉酶。

（2）调节 pH 至 7.4，然后加入菊糖及 0.1‰酚红水溶液，摇匀。分装试管（13mm×100mm），每管 2mL。用间歇灭菌法灭菌，每天 1 次，连续 3d，每次 20min。

3. 用途：用于肺炎链球菌与其他链球菌鉴别。

4. 注。

（1）接种：将待检菌接种于该培养基中，置 35℃培养 18~24h。分解菊糖的菌株可使培养基变黄；不分解菊糖的菌株，培养基不变色。

（2）质量控制：肺炎链球菌 ATCC 10015 阳性；化脓性链球菌 ATCC 19615 阴性。

九十三、血清肉汤

1. 成分：肉膏汤（肉浸液）100mL、无菌马（羊、兔）血清 10mL。

2. 制备：在已灭菌的肉膏汤（肉浸液）中按 10∶1 的比例采用无菌操作加入无菌马（羊、兔）血清，混匀后分装试管，每管 3mL，4℃冰箱保存备用。

3. 用途：用于乙型溶血性链球菌培养。

九十四、亚硝酸盐还原试验培养基

1. 成分：蛋白胨 10g、亚硝酸钾 2g、酵母浸膏 3g、去离子水。

2. 制备：将上述成分混合于去离子水后，加热溶解，调节 pH 至 7.0，加去离子水至 1000mL，分装试管，每管 4mL，加入倒立小试管 1 支，121.3℃（103.43kPa）高压灭菌 15min，备用。

3. 用途：用于测定细菌还原亚硝酸盐的能力。

4. 注。

（1）接种：将待检菌接种于该培养基中，35℃培养 24~48h。24h 观察倒立小试管中有无气泡出现，若有气泡则为阳性，若无气泡则为阴性。48h 培养物检测亚硝酸盐存在与否。方法是在培养物内加入硝酸盐还原试剂甲液、乙液各 0.5mL。如无红色出现为阳性，说明亚硝酸盐已被还原；反之为阴性，说明培养基中尚有亚硝酸盐存在。

（2）质量控制：铜绿假单胞菌 ATCC 27853 阳性；硝酸盐阴性不动杆菌 ATCC 15038 阴性。

（3）因亚硝酸盐在自然界中分布很广，故在制备此培养基时所用器皿均要清洗干净。

（4）未接种的亚硝酸盐培养基应以硝酸盐还原试剂进行检查，出现红色反应方可使用。

九十五、亚碲酸钾血琼脂

1. 成分：pH 为 7.6 的普通营养琼脂 1000mL、葡萄糖 2g、胱氨酸 0.05g、1‰亚碲酸钾溶液 45mL、无菌脱纤维羊血 100mL。

2. 制备：将 pH 为 7.6 的普通营养琼脂加热熔化，待冷却至 50℃左右时，以无菌操作方式加入已灭菌的 1‰亚碲酸钾溶液及无菌脱纤维羊血，混匀倾注无菌平板，4℃

冰箱保存备用。

3. 用途：用于白喉棒状杆菌分离培养。

4. 注。

（1）原理：白喉杆菌能将亚碲酸钾还原成金属碲，从而形成黑色或灰黑色的菌落，因而在该培养基上较易区别。另外，亚碲酸钾能抑制标本中的杂菌生长。

（2）接种：将待检菌接种于平板上，35℃培养24～48h。白喉杆菌能吸收碲盐，使其还原成金属碲而形成黑色或灰黑色的菌落。大部分其他菌在此平板上生长被抑制，故较易鉴别。

九十六、氧化－发酵（O/F）试验培养基（Hugh-Leifson）

1. 成分：蛋白胨2g、糖10g、氯化钠5g、磷酸氢二钾0.3g、琼脂4g、0.2%溴麝香草酚蓝溶液12mL、去离子水。

2. 制备：将蛋白胨和盐类（氯化钠、磷酸氢二钾）溶于去离子水中，调节pH至7.2，加入糖、琼脂，隔水煮沸，然后加入指示剂（0.2%溴麝香草酚蓝溶液），加去离子水至1000mL，分装试管，其高度为7.5cm，115.6℃（68.95kPa）高压灭菌15min后备用。

3. 用途：用于细菌代谢类型的鉴定。

九十七、耶尔森菌分离培养基（CIN琼脂）

1. 成分：甘露醇20g、明胶胰酶消化液10g、牛肉浸膏5g、际胨5g、丙酮酸钠2g、酵母膏2g、氯化钠1g、去氧胆酸钠0.5g、中性红0.03g、新生霉素0.0025g、结晶紫0.001g、头孢磺啶钠（达克舒林）0.015g、氯苯酚0.004g、琼脂12g、去离子水。

2. 制备：将上述成分（新生霉素和达克舒林除外）加入去离子水中煮沸，冷却至50℃左右，以无菌操作方式加入新生霉素和达克舒林，摇匀，加去离子水至1000mL，倾注无菌平板，备用。

3. 用途：用于小肠结肠炎耶尔森菌的分离和培养。

4. 注。

（1）接种：取待检菌划线接种于平板上，置22℃培养48h。小肠结肠炎耶尔森菌可利用甘露醇，使其形成中心深红色、有透明周边的牛眼状菌落。

（2）质量控制：配成的培养基应呈粉红色或橘红色，透明。小肠结肠炎耶尔森菌接种后置22℃培养48h，生长良好，菌落典型。

（3）本培养基不需高压灭菌。

（4）该培养基稳定，置室温可存放3～5d，4℃冰箱可保存1周。

九十八、石蕊牛乳培养基

1. 配方一。

1）成分：新鲜脱脂牛乳1000mL、20g/L石蕊水溶液10mL（或16g/L溴甲酚紫酒精溶液1mL）。

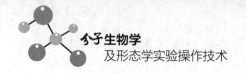

2）制备：

（1）将新鲜牛乳置于烧瓶内隔水煮沸 30min，冷却后置 4℃冰箱内过夜。

（2）用吸管吸出下层脱脂牛乳，注入另一烧瓶内，弃去上层乳脂。

（3）加入 20g/L 石蕊水溶液，分装试管，113℃（55.16kPa）高压灭菌 15min（或间歇灭菌）。

（4）置 35℃培养 24~48h，若无细菌生长，即可 4℃冰箱保存备用。

2. 配方二。

1）成分：新鲜脱脂牛乳、石蕊酒精饱和溶液。两者的配方量根据需要量和颜色来判定。

2）制备：

（1）石蕊酒精饱和溶液的制备：将 8g 石蕊置于 30mL 40％酒精溶液中研磨，吸出上清液，重复操作两次。加 40％酒精溶液到总量为 100mL，并煮沸 1min。取出上清液，必要时可加几滴 1mol/L 盐酸使溶液呈艳紫色。

（2）加石蕊酒精饱和溶液于新鲜脱脂牛乳中，使之呈浅紫色，分装于小试管，用流动蒸汽灭菌，每天 1 次，每次 1h，共 3d。

3. 用途：观察细菌对牛乳的凝固及发酵作用。

4. 注。

（1）原理：该培养基中的主要成分为干酪素、乳糖及指示剂等。各种细菌对这些成分的作用不同，引起培养基的变化也不同。

（2）接种：将待检菌接种于该培养基中，若为芽胞梭菌，则要在培养基内加入微量铁离子粉末后于 35℃培养 8~24h，或 1~7d 后观察结果，必要时可延长至 14d。

（3）观察结果。

产酸：因发酵乳糖而产酸，使指示剂变色（酸性条件下石蕊为红色，溴甲酚紫为黄色）。

产气：发酵乳糖的同时产气，可冲开上面的凡士林。

酸凝或同时有产气：产酸，并有牛乳的凝固（pH4.7 以下），形成凝块；若有气体形成，则凝块中有裂隙，在魏氏梭菌则呈"暴烈发酵"。

凝固：因产酸太多而使牛乳中的酪蛋白凝固。

胨化：将凝固的酪蛋白继续水解为胨，培养基上层液体变清，底部可留有未被完全胨化的酪蛋白，即部分或大部分新鲜脱脂牛乳变清亮。

产碱：乳糖不发酵，细菌产生蛋白酶可将干酪素分解产生胺或氨，使培养基的 pH 进一步升高，指示剂变色。

不变：乳糖不发酵，指示剂颜色无变化，与未接种管相同。

白色：石蕊被还原成白色。

（4）质量控制：粪产碱杆菌，碱性反应，培养基呈蓝色；变形杆菌，没有变化，培养基仍呈紫色；产气荚膜梭菌，急骤发酵，凝块被气体破坏。

（5）若培养基在灭菌前加入凡士林，可观察厌氧菌对牛乳中乳糖的分解情况。若是新鲜牛乳，则需进行脱脂处理，该培养基 pH6.8，呈紫色。

九十九、衣原体培养基（鸡胚培养基）

1. 成分：7日龄鸡胚3~5只。

2. 制备：

(1) 精选产后10d内并于10℃左右保存的受精鸡卵孵育，置38~39℃、相对湿度40%~60%的孵卵箱中孵育，4d后用检卵灯检视发育情况，挑出未受精及死亡者。

(2) 活鸡胚检视时可见清晰血管小团或花纹，其中有鸡胚暗影，稍大者可见胚动等。

(3) 将感染材料研磨合并，加含抗菌药物的肉汤制成10%~20%的悬液，室温中放置1h后，接种鸡胚卵黄囊0.25mL，每份标本接种3~4只鸡胚，置35℃培养，每日观察1次，3d以后死亡的鸡胚收获其卵黄囊，先做涂片染色，选择疑似或阳性材料再行传代，直到含有丰盛的衣原体。

3. 用途：用于分离培养鹦鹉热衣原体、性病淋巴肉芽肿衣原体和沙眼衣原体等。

4. 注：

(1) 如感染后13d鸡胚仍然存活，再行盲目传代。先将鸡胚于4℃冰箱中放置几小时，然后解剖卵黄囊，研碎后制成悬液，低速离心，取上清液接种鸡胚。若连续3代阴性，则为阴性结果。

(2) 待检标本于室温不宜久置，如1h内不能接种，可放4℃冰箱中；若放置-70℃冰箱中，则可保存较长时间。

一百、伊红-美蓝琼脂（EMB）

1. 成分：蛋白胨10g、磷酸氢二钾2g、氯化钠5g、琼脂20g、乳糖10g、伊红0.4g、美蓝（亚甲蓝）0.065g，加去离子水至1000mL。

2. 制备：

(1) 将蛋白胨、乳糖、盐类（磷酸氢二钾、氯化钠）溶于去离子水中，调节pH至7.4，加入琼脂和染料（伊红、美蓝）混合，加去离子水至1000mL，115.6℃（68.95kPa）高压灭菌15min。

(2) 待冷却至55℃左右时，倾注无菌平板。

3. 用途：为弱选择性培养基，主要用于分离肠道杆菌。

4. 注。

(1) 原理：伊红和美蓝为指示剂，对革兰阳性菌有抑制生长的作用。肠道杆菌，如大肠埃希菌发酵乳糖产生酸，并使菌体带上阳离子而染上伊红，然后伊红和美蓝结合，出现紫黑色或紫红色化合物，故菌落呈紫黑色或紫红色，且有绿色金属光泽，菌落周围有一层白环；而不发酵乳糖的细菌，培养后伊红和美蓝不结合，其菌落为无色透明或琥珀色半透明；有的细菌因产生碱性物质较多而出现蓝色菌落。

(2) 接种：取粪便标本或增菌物划线接种在平板上，置35℃培养18~24h。根据检验目的，挑取无色菌落或紫红色及有绿色金属光泽的菌落转种到克氏双糖或三糖铁琼脂进行鉴定。

(3) 质量控制：大肠埃希菌菌落呈紫红色，有时有绿色金属光泽，直径>2.3mm；

伤寒沙门菌菌落呈灰白色，直径＞1.8mm；金黄色葡萄球菌不生长。

一百〇一、玉米粉琼脂

1. 成分：玉米粉40g、琼脂20g、去离子水。

2. 制备：

（1）将玉米粉加入500mL去离子水中，搅匀，65℃加热30min。用纱布过滤，补足原水量制成玉米粉浆，无须调节pH（pH为6.0左右）。

（2）将琼脂加入500mL去离子水中，加热溶化。将玉米粉浆与琼脂混合，趁热用纱布过滤，加去离子水至1000mL，分装试管，121.3℃（103.43kPa）高压灭菌15min，备用。

3. 用途：鉴定酵母样真菌用。白色念珠菌在此培养基上25℃培养24h可长出假菌丝，顶端有典型的厚壁孢子，可与其他念珠菌鉴别。

4. 注。

（1）接种：采用玻片法点种，保持一定湿度，置23～26℃下培养24～48h。取出玻片培养物，用高倍镜观察真假菌丝和有无厚壁孢子。

（2）质量控制：白色念珠菌ATCC 26790厚膜孢子阳性，新型隐球菌ATCC 9763厚膜孢子阴性。

（3）玉米粉可用糯米粉或可溶性淀粉代替，效果相同。

（4）该培养基中加10mL/L吐温－80可制成玉米粉吐温－80琼脂，用途相同，效果更好。

一百〇二、亚硒酸盐增菌液

1. 成分：亚硒酸氢钠4g、蛋白胨5g、乳糖4g、磷酸氢二钠4.5g、磷酸二氢钠5.5g、去离子水1000mL。

2. 制备：

（1）将亚硒酸氢钠溶于200mL去离子水中（不可加热），标记为甲液。

（2）将其他成分溶于800mL去离子水中（加热溶解），标记为乙液。

（3）将两液混合后，调节pH为7.1，分装试管，每管10mL，用流动蒸汽灭菌15～30min后，4℃冰箱保存备用。

3. 用途：用于粪便中沙门菌的增菌培养。

4. 注。

（1）原理：强选择性增菌培养基，亚硒酸盐（亚硒酸氢钠）对革兰阳性菌有较强的抑制生长作用，对革兰阴性杆菌有选择性的抑制生长作用，尤其对大肠埃希菌和志贺菌属细菌的抑制生长作用较为明显，而对沙门菌属细菌则无明显的抑制生长作用。在磷酸缓冲剂（磷酸氢二钠、磷酸二氢钠）的作用下，这种差异更明显，从而起到选择作用。

（2）该增菌液不宜高压灭菌。温度过高，会有大量红色沉淀形成，影响增菌效果。

（3）pH必须为7.1，否则会产生棕黄色沉淀。

（4）配制这种培养基时，各种亚硒酸盐均可使用，但相应的磷酸盐配合用量应进行调整，见表4-1。

（5）硒盐是剧毒物品，必须妥善使用、保管。硒的有机物和硒氢化合物具有挥发性，有毒，勿吸入。

表4-1　不同亚硒酸盐和磷酸盐的配合用量（g）

种类	用量	磷酸二氢钠（无水）	磷酸氢二钠（无水）
亚硒酸氢钠	4.0	5.5	4.5
亚硒酸钠	5.0	8.6	0.8
亚硒酸	3.4	2.3	8.2

一百〇三、中国蓝琼脂

1. 成分：牛肉膏5g、氯化钠5g、蛋白胨10g、琼脂15g、乳糖10g、1%中国蓝水溶液3mL、1%玫瑰红酸酒精溶液3mL、去离子水。

2. 制备：

（1）将上述成分（1%中国蓝水溶液和1%玫瑰红酸酒精溶液除外）混合，加热溶解，调节pH至7.4，加去离子水至1000mL，115.6℃（68.95kPa）高压灭菌15min。

（2）冷却至55℃左右时，以无菌操作方式加入1%中国蓝溶液和1%玫瑰红酸酒精溶液，充分摇匀，倾注无菌平板。置4℃冰箱保存备用。

3. 用途：可抑制革兰阳性菌，是较好的分离肠道致病菌的弱选择性培养基。

4. 注。

（1）原理：中国蓝为指示剂，碱性反应时呈红色，酸性反应时呈蓝色，无抑制作用。玫瑰红酸在碱性反应时呈洋红色，在酸性反应时呈黄色，仅能抑制革兰阳性菌生长，而对大肠埃希菌没有抑制作用。发酵型革兰阴性杆菌因分解乳糖能力不同，在此种平板上的菌落颜色不同，便于鉴别菌种。该培养基中不含胆盐，与SS琼脂配对，用于粪便志贺菌和沙门菌的分离是比较合理的。

（2）接种：将待检菌直接划线接种于该平板上，35℃培养18~24h。分解乳糖产酸的细菌，菌落呈蓝色；不分解乳糖的细菌，菌落为淡红色的透明状。

（3）质量控制：大肠埃希菌ATCC 25922，菌落呈蓝色。痢疾志贺菌Ⅰ型ATCC 13311，菌落呈淡红色。鼠伤寒沙门菌ATCC 13311，菌落呈淡红色。

（4）中国蓝水溶液徐徐煮沸或115.6℃（68.95kPa）高压灭菌15min后使用。1%玫瑰红酸酒精溶液无需灭菌，但加热时应避开火焰。

（5）该培养基能抑制革兰阳性菌生长，但对大肠埃希菌没有抑制作用，故各种标本接种量不宜太多。

（6）该培养基pH约为7.4，制好后应呈淡紫红色，过碱呈鲜红色，过酸呈蓝色，均不适用。

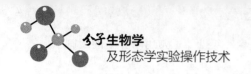

分子生物学
及形态学实验操作技术

一百〇四、支原体琼脂培养基（PPLO）

1. 成分：牛心（去脂绞碎）、氯化钠、胰蛋白酶（不含乳糖）、酵母浸膏、15％氢氧化钠溶液、蛋白胨、琼脂、食用鲜酵母块、无菌马血清或小牛血清、1％乙酸铊溶液、青霉素 G 钾盐溶液（20 万 IU/mL）、两性霉素 B 溶液（5mg/mL）、去离子水。

2. 制备：

（1）牛心消化液配制：取牛心（去脂绞碎）250g、氯化钠 5g 及去离子水 900mL 混合制成牛心溶液，另取胰蛋白酶（不含乳糖）2.5g，溶于 100mL 0.5％的氯化钠溶液中，然后与上述牛心溶液混合，放置 50～60℃水温箱内消化 2h，中间不断搅拌。消化后用两层纱布过滤，滤液煮沸 5min，用滤纸过滤，然后加酵母浸膏 1g，混匀，冷却后加 15％氢氧化钠溶液约 10mL，调节 pH 至 8.0，加去离子水至 1000mL，分装后121.3℃（103.43kPa）高压灭菌 15min，备用。

（2）支原体基础琼脂：取上述牛心消化液 1000mL，加蛋白胨 10g 和琼脂 14g，混合后加热溶解，调节 pH 至 7.8～8.0，再加热煮沸，用脱脂棉或绒布过滤，过滤后分装于圆瓶中，每瓶 70mL，121.3℃（103.43kPa）高压灭菌 15min，备用。

（3）25％鲜酵母液制备：食用鲜酵母块 250g，加去离子水 1000mL，混合后，煮沸 2min，用滤纸过滤，过滤后置 4℃冰箱中过夜，使之沉淀，次日吸取上清液，用 15％氢氧化钠溶液调节 pH 至 8.0，再煮沸 1 次，冷却后，3000rpm 离心 45min，吸取上清液，分装于瓶中，121.3℃（103.43kPa）高压灭菌 15min，放 4℃冰箱中备用，可保存3 个月。

（4）倾注无菌平板：溶解支原体基础琼脂，冷却至 80℃左右时，采用无菌操作，每瓶内立即加预温在 37℃恒温培养箱内的无菌马血清或小牛血清 20mL、25％鲜酵母液10mL、1％乙酸铊（醋酸铊）溶液 2.5mL、青霉素 G 钾盐溶液（20 万 IU/mL）0.5mL和两性霉素 B 溶液（5mg/mL）0.1mL，充分混匀后倾注 9cm 无菌平板，经 37℃培养过夜，无菌试验阴性者，存放 4℃冰箱保存备用。

3. 用途：供分离支原体用。

4. 注：

（1）乙酸铊是极毒药品，须特别注意安全操作。

（2）支原体美蓝琼脂平板：上述支原体基础琼脂中，每 100mL 再加入无菌 1％美蓝溶液 0.2mL，混合后倾注无菌平板即成支原体美蓝琼脂平板。支原体美蓝琼脂平板为分离肺炎支原体的选择性平板，口腔、唾液分泌物中的其他支原体均被抑制生长，肺炎支原体为"桑椹状"无色的菌落。

（3）支原体传代、移种用 0.1％半固体琼脂：配制时每 100mL 除琼脂用 0.1g 外，其他成分与支原体基础琼脂相同，此半固体琼脂分装在试管内灭菌备用。传代时将平板上已选定的支原体菌落用无菌刀片切下一小块，直接移种于试管中，置适当的气体环境中培养 3～5d 后，可在琼脂小块上出现"小岛状"絮片生长物，或呈颗粒状，即次代支原体。

（4）支原体传代用液体培养基：其成分基本与上述支原体传代、移种用 0.1％半固体琼脂相同，但不加琼脂。

（5）肺炎支原体（需氧性支原体）分离用双相培养基：包括底层琼脂斜面和液体培养基两种。该双相培养基用于咽拭子标本直接分离肺炎支原体。

①底层琼脂斜面。其成分与上述支原体传代、移种用 0.1％半固体琼脂相同，不加两性霉素 B。无菌分装于经灭菌的链霉素空瓶中，每瓶 3mL，置成斜面，此为底层。

②液体培养基。其成分与上述支原体传代用液体培养基基本相同，但在未高压灭菌前加入葡萄糖 1g、美蓝 0.001g、0.1％酚红水溶液 2mL，115.6℃（68.95kPa）高压灭菌 15min，冷却后，再加入辅助成分和防止杂菌生长的成分。

③在上述底层琼脂斜面上每瓶加入液体培养基 3～5mL，瓶塞用煮沸灭菌的翻口橡皮塞。经 37℃培养过夜，无菌试验阴性者存放 4℃冰箱中备用，可保存 1 个月。

④已接种的双相培养基，普通环境 37℃培养 2～4 周，阳性结果为可见双相管由淡紫色变成绿色再转变为黄色，因肺炎支原体发酵葡萄糖，还原美蓝。取阳性培养基用分离支原体固体平板分离菌落，平板放于含 95％ N_2 和 5％ CO_2 的环境中，或放入含 5％ CO_2 环境中培养 2～4 周，阳性平板可见菌落生长。

（6）支原体生长繁殖和生长鉴别用液体培养基可分为两种：

①在支原体传代用液体培养基中，每 100mL 加入 1％酚红水溶液 0.2mL 和葡萄糖 1g。

②在支原体传代用液体培养基中，每 100mL 加入 1％酚红水溶液 0.2mL 和精氨酸 1g。

将待检支原体接种至培养基后，由颜色改变观察支原体生长与否：利用葡萄糖产酸，若指示剂变黄色者，则为肺炎支原体生长；利用精氨酸产碱，若指示剂变红色者，则为利用精氨酸的支原体生长。

一百〇五、AB 琼脂板

1. 成分：去离子水、一水氯化钙 0.15g、胰酶解大豆蛋白肉汤干粉（BD）2g、酵母提取物 2g、二氯腐胺 1.7g、DNA 0.2g、2mol/L 盐酸溶液适量、选择琼脂（BD）10.5g。

2. 制备：

（1）将上述成分（2mol/L 盐酸溶液除外）溶于去离子水中，混匀，用 2mol/L 盐酸溶液调节 pH 至 5.5，加去离子水至 1000mL，121.3℃（103.43kPa）高压灭菌 15min。如果用于琼脂平板，冷却至 56℃水浴。

（2）添加物：马血清 200mL，IsoVitaleX（BD）4mL，GHL 三肽溶液 1mL，2％ L-半胱氨酸（加入当日配制）5mL，青霉素 G 终浓度为 1000U/mL。

每种成分分别制备，不是无菌的需过滤除菌，将每种成分加入培养基中，调节 pH 至 6.0。如果加入琼脂制备平板，冷却 2h 后翻扣平板，置室温过夜，封入塑料袋置 4℃可保存 3 个月。

3. 用途：用于解脲脲原体和人型支原体的培养。

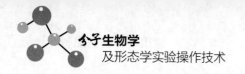

一百〇六、CAMP 试验培养基（同血琼脂平板）

1. 成分：普通营养琼脂 1000mL、无菌脱纤维羊血或兔血 80～100mL。

2. 制备：

（1）将已灭菌的普通营养琼脂（pH7.6）隔水加热熔化，并冷却至 50℃左右。

（2）以无菌操作方式加入无菌脱纤维羊血或兔血后，轻轻摇动使之混合均匀（勿产生气泡），倾注无菌平板，每板以盖满板底为度，或分装试管制成斜面。待凝固后，抽样置于 35℃培养 18～24h，如无细菌生长，置 4℃冰箱保存备用。

3. 用途：检查细菌产生和合成 CAMP 因子的能力。

4. 注。

（1）接种：先以金黄色葡萄球菌画一横线接种，再将待检菌与上述横线做垂直划线接种，两者不能相交，相距 0.5～1.0cm，于 35℃培养 18～24h。在两种细菌划线之交接处出现箭头状透明溶血区为阳性，无箭头状溶血区为阴性。

（2）质量控制：无乳链球菌 ATCC 13813 阳性；粪肠球菌 ATCC 29212 阴性。

（3）CAMP 为 Christie，Atkins，Munch－Peterson 三人的姓氏首字母组成。

（4）每一批需要用 A、D 群链球菌作为阴性对照组，用 B 群链球菌作为阳性对照组。

（5）用无菌 9g/L 氯化钠溶液洗涤 3 次的羊血红细胞，制成 5％含量的羊血琼脂平板效果较好。

（6）用葡萄球菌 β－溶血素滤液做成纸条进行试验效果亦较佳。

一百〇七、Cary－Blair 运送培养基

1. 成分：硫乙醇酸钠 1.5g、磷酸氢二钠 1.1g、氯化钠 5g、1％氯化钙水溶液 9mL、琼脂粉 5g、去离子水。

2. 制备：

（1）将上述成分（1％氯化钙水溶液除外）溶入去离子水中，加热溶解，冷却到 50℃左右时，加入 1％氯化钙水溶液，调节 pH 至 8.4，加去离子水至 1000mL。

（2）分装试管，每管 5mL，或注入具有胶塞的瓶内，121.3℃（103.43kPa）高压灭菌 15min，4℃冰箱保存备用。

3. 用途：用于含病原菌样品的采集、运送和保存，特别是含空肠弯曲菌、霍乱弧菌、副溶血性弧菌、沙门菌和志贺菌等的标本。

4. 注。

（1）原理：该培养基具有抗氧化和缓冲等作用，可以维持病原菌的存活力。硫乙醇酸钠能抑制氧化而提供还原环境；氯化钠和氯化钙维持适合的渗透压；磷酸氢二钠为缓冲剂；琼脂是培养基的凝固剂，少量的琼脂有助于防止因液体对流而迅速产生氧化。该培养基适用于标本长途运送，但保存时间不能超过 72h。

（2）接种：用灭菌棉签或吸管取待检标本 0.5g 或 1.0～1.5mL，立即加入培养基中，密封管或瓶口，标明标本名称或标本号后迅速送实验室进行检验。

（3）质量控制：选用沙门菌、志贺菌、霍乱弧菌及空肠弯曲菌标准菌株进行存活力的检查，应于35℃存活3d以上，方可使用。

一百〇八、CDC厌氧血琼脂

1. 成分：胰酶水解酪蛋白15g、木瓜酶消化豆粉（或植物胨）5g、氯化钠5g、1% 氯化血红素0.5mL、酵母浸出粉5g、半胱氨酸0.4g、琼脂20g、无菌脱纤维羊血或兔血50mL、1%维生素K_1 1mL、去离子水。

2. 制备：

（1）将上述成分（无菌脱纤维羊血或兔血除外）溶于去离子水中，加热溶解，冷却后调节pH至7.3～7.5，加去离子水至1000mL。

（2）121.3℃（103.43kPa）高压灭菌15min，冷却至50℃，加入无菌脱纤维羊血或兔血，摇匀后倾注无菌平板。

3. 用途：本培养基营养较好，适用于多种厌氧菌的生长，也可作为选择性培养基的基础成分。产黑色素的厌氧菌能形成典型菌落和色素，产气荚膜梭菌有明显的双层溶血环。

一百〇九、DNA酶试验培养基

1. 配方一。

1）成分：DNA 2g、胰酪胨15g、大豆胨5g、氯化钠5g、琼脂20g、去离子水。

2）制备：将上述成分溶于去离子水中，加热溶解，调节pH至7.2～7.4，加去离子水至1000mL，分装三角烧瓶，115.6℃（68.95kPa）高压灭菌15min，取出，冷却至50℃左右，倾注无菌平板，置4℃冰箱保存备用。

2. 配方二：2g/L DNA琼脂平板。

1）成分：营养琼脂100mL、DNA 0.2g、0.1mol/L氢氧化钠溶液2mL、80g/L氯化钙水溶液1mL。

2）制备：

（1）将DNA溶于0.1mol/L氢氧化钠溶液中，随后加入营养琼脂中，再加入80g/L氯化钙水溶液。

（2）114.3℃（62.06kPa）高压灭菌20min，取出冷却至50℃左右，倾注无菌平板，凝固后置4℃冰箱保存备用。

3. 用途：用于细菌DNA酶试验，临床上多用于葡萄球菌和沙雷菌的鉴定。

4. 注。

（1）原理：DNA酶可使DNA链水解为由几个单核苷酸组成的寡核苷酸。长链DNA可被酸沉淀，而水解后形成的寡核苷酸则可溶于酸，于DNA琼脂平板上进行试验，可在菌落周围形成透明环。

（2）接种：将待检菌在平板上做点状接种，置35℃培养24h。待细菌生长成集落菌苔后，在其菌苔上及周围滴加0.1mol/L盐酸溶液数毫升，片刻后，如待检菌DNA酶阳性，可在菌苔的周围出现明显的透明圈，而阴性者则无透明圈出现。

（3）质量控制：金黄色葡萄球菌 ATCC 25923 和黏质沙雷菌 ATCC 274 阳性；表皮葡萄球菌 ATCC 14990 和大肠埃希菌 ATCC 25922 阴性。

一百一十、DTM 琼脂（皮肤癣菌鉴别琼脂）

1. 成分：蛋白胨 10g、葡萄糖 10g、1％酚红水溶液 40mL、硫酸庆大霉素 0.1g、琼脂 20g、0.8mol/L 放线菌酮溶液 0.5g、氯霉素 0.1g、去离子水。

2. 制备：将上述成分（硫酸庆大霉素、0.8mol/L 放线菌酮溶液、氯霉素除外）溶于去离子水中，加热溶解，调节 pH 至 5.3～5.7，115.6℃（68.95kPa）高压灭菌 15min，冷却至 50℃ 左右，加入硫酸庆大霉素、0.8mol/L 放线菌酮溶液、氯霉素，混匀，加去离子水至 1000mL，倾注无菌平板或分装试管，备用。

3. 用途：用于皮肤癣菌的分离培养。

4. 注：多数皮肤癣菌在此培养基上培养 3～4d 时为白色菌落，培养时间再久点会变为橙色或红色菌落（分解氨基酸形成氨，使培养基变碱，菌落呈橙色或红色），酵母菌或污染真菌一般不变色。

一百一十一、GN 增菌液

1. 成分：胰蛋白胨 5g、葡萄糖 1g、甘露醇 2g、枸橼酸钠 5g、磷酸氢二钾 4g、磷酸二氢钾 1.5g、氯化钠 5g、去氧胆酸钠 0.5g、去离子水。

2. 制备：

（1）将上述成分溶于去离子水中，加热溶解，调节 pH 至 7.0，加去离子水至 1000mL。

（2）分装试管，每管 5mL，115.6℃（68.95kPa）高压灭菌 20min，4℃ 冰箱保存备用。

3. 用途：用于志贺菌和沙门菌的增菌培养。

4. 注。

（1）原理：该培养基中含有枸橼酸钠和去氧胆酸钠，对革兰阳性菌有抑制作用，而对革兰阴性杆菌抑制作用较弱。大肠埃希菌、铜绿假单胞菌及变形杆菌在接种 6min 内生长缓慢，而志贺菌和沙门菌可得到一定的增殖。磷酸盐起缓冲作用。葡萄糖和甘露醇是可供发酵的糖类。

（2）接种：取粪便标本或棉拭子取样直接接种到该培养基中，接种后即计算时间，在室温或 37℃ 培养均有增菌作用，增菌培养 6min 即接种于 SS 选择性培养基或中国蓝琼脂平板等，以分离致病菌。

（3）质量控制：接种大肠埃希菌 ATCC 25922 和痢疾志贺菌，10 个活菌即可检出。

一百一十二、F-G 培养基

1. 成分：水解酪蛋白 17.5g、牛肉膏 3g、淀粉 1.3g、琼脂 12g、4％ L-半胱氨酸水溶液 10mL、2.5％焦磷酸铁水溶液 10mL、1mol/L 氢氧化钾溶液 4～5mL、去离子水。

2. 制备：

（1）除 4％ L−半胱氨酸水溶液和 2.5％焦磷酸铁水溶液外，其余成分溶于 980mL 去离子水中，加热溶解，121.3℃（103.43kPa）高压灭菌 15min，取出后放于 50～55℃ 水浴锅中保温。

（2）采用无菌操作加入 4％ L−半胱氨酸水溶液和 2.5％焦磷酸铁水溶液各 10mL，充分混匀，加入 1mol/L 氢氧化钾溶液 4～5mL 使培养基的最终 pH 为 6.9，需要时可用 1mol/L 盐酸溶液校正。

（3）倾注无菌平板，冷却后置 4℃冰箱中保存备用。

3. 用途：用于嗜肺军团菌的分离培养。

4. 注。

（1）原理：本培养基营养丰富，提供了可直接利用的必需氨基酸和进行氧化还原用的铁离子，因此可完全满足嗜肺军团菌生长繁殖的营养要求。

（2）接种：取待检标本划线接种于平板上，置 35℃、含 2.5％ CO_2 的环境中培养 5d，每天观察细菌是否生长良好，用解剖镜可在 12～24h 发现细小细菌。

（3）质量控制：嗜肺军团菌生长良好。

（4）4％ L−半胱氨酸水溶液：临用时新鲜配制，10mL 去离子水中含 0.4g L−半胱氨酸，配制后经过 0.22μm 孔径的滤菌器过滤除菌。

（5）2.5％焦磷酸铁水溶液：临用时新鲜配制，10mL 去离子水中含 0.25g 焦磷酸铁，配制后经过 0.22μm 孔径的滤菌器过滤除菌，配妥后必须干燥避光保存，若溶液由绿色变为黄色或棕色，不能继续使用。

一百一十三、H−E 琼脂

1. 成分：蛋白胨 12g、酵母浸膏 3g、乳糖 12g、蔗糖 12g、水杨素 2g、混合胆盐 9g、氯化钠 5g、硫代硫酸钠 5g、枸橼酸铁铵 1.5g、0.4％溴麝香草酚蓝溶液 16mL、0.5％酸性品红溶液 12mL、琼脂 12g、去离子水。

2. 制备：将上述成分（0.4％溴麝香草酚蓝溶液、0.5％酸性品红溶液除外）加热溶解于去离子水中，调节 pH 至 7.5，最后加入 0.4％溴麝香草酚蓝溶液、0.5％酸性品红溶液，加去离子水至 1000mL，冷却至 50～55℃，倾注无菌平板。

3. 用途：用于沙门菌属及志贺菌属分离培养。

4. 注。

（1）原理：该培养基既有较强的选择性，又有一定的鉴别性。

①该培养基内含有高浓度的混合胆盐，能抑制革兰阳性菌及大肠埃希菌的生长，有利于沙门菌属的生长，因此具有选择性。

②该培养基内的乳糖、蔗糖和水杨素 3 种糖作为鉴别系统，溴麝香草酚蓝和酸性品红具有指示剂作用，能把发酵糖类的细菌区别开。前者为橘黄色菌落，后者为淡蓝色菌落。能产生 H_2S 的沙门菌属，其菌落呈无色半透明，中心呈黑色。志贺菌属的菌落在培养基上呈淡蓝色半透明，因此易于鉴别。

（2）接种：取待检粪便标本或增菌培养物，划线接种于平板上，置 35℃培养 18～

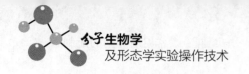

24h。沙门菌属菌落中心呈黑色，志贺菌属菌落呈淡蓝色半透明，大肠埃希菌菌落呈橘黄色。3 种菌落大小基本相近，经 18~24h 培养后，菌落直径约 2.0mm。

（3）质量控制：大肠埃希菌落呈橘黄色。鼠伤寒沙门菌菌落中心呈黑色。志贺菌属菌落呈淡蓝色半透明。金黄色葡萄球菌不生长。

（4）本培养基不需要高压灭菌。

一百一十四、LB 肉汤

1. 成分：蛋白胨 10g、酵母膏 5g、氯化钠 10g、氢氧化钠适量、去离子水。

2. 制备：将上述成分溶于去离子水中，用氢氧化钠调节 pH 至 7.5，加去离子水至 1000mL，121.3℃（103.43kPa）高压灭菌 20min，分装，4℃冰箱保存备用。

3. 用途：分子生物学实验常用培养基。

一百一十五、LB 琼脂平板

1. 成分：蛋白胨 10g、酵母膏 5g、氯化钠 10g、氢氧化钠适量、去离子水、琼脂 15g。

2. 制备：在 LB 肉汤（制备见本章前述）中加入琼脂，加热溶解，加去离子水至 1000mL，121.3℃（103.43kPa）高压灭菌 20min，冷却至 50~55℃，倾注无菌平板，4℃冰箱保存备用。

3. 用途：可用于一般细菌培养，尤其是分子生物学实验中大肠埃希菌的保存和增殖。

一百一十六、LCVB 琼脂

1. 成分：猪肺消化汤 1000mL、活性炭 2g、琼脂 13g、无菌脱纤维羊血 100mL、L－半胱氨酸 0.4g、复合维生素 B 0.1g。

2. 制备：

（1）将上述成分（无菌脱纤维羊血、复合维生素 B 和 L－半胱氨酸除外）充分混匀，121.3℃（103.43kPa）高压灭菌 15min。

（2）待温度降至 80~85℃时加入无菌脱纤维羊血，使溶液呈巧克力色。待冷却至 60℃左右，加入复合维生素 B 和 L－半胱氨酸，混匀后倾注无菌平板。

3. 用途：用于嗜肺军团菌分离培养。

4. 注。

（1）原理：该培养基内含有特制的猪肺消化汤，又增添了无菌脱纤维羊血、复合维生素 B、活性炭和可被直接利用的氨基酸（L－半胱氨酸），有利于嗜肺军团菌的生长。

（2）接种：取待检标本划线接种于平板上，置 35℃、含 0.5% CO_2 的环境中培养 5d，每天观察结果。

（3）质量控制：嗜肺军团菌生长良好。

一百一十七、L－型细菌培养基

1. L－型细菌增菌培养基。

（1）高渗液体的L－型细菌增菌培养基：

①成分。

a. 高渗盐液体增菌培养基：新鲜纯精牛肉 500g、蛋白胨 10g、氯化钠 40g、去离子水。

b. 高渗糖液体增菌培养基：新鲜纯精牛肉 500g、蛋白胨 10g、氯化钠 30g、蔗糖 150g、去离子水。

②制备。

a. 高渗盐液体增菌培养基：将新鲜牛肉去除脂肪、筋膜得到纯精牛肉，切成小块后用绞肉机绞碎，称取 500g，加去离子水至 1000mL，置 4℃冰箱浸泡过夜得到肉浸液，将肉浸液煮沸 30min，然后用麻布或绒布挤压过滤。加入蛋白胨、氯化钠，加热溶解，并补足因蒸发而流失的水分，调节 pH 至 7.4～7.6。用滤纸过滤后分装小瓶，121.3℃（103.43kPa）高压灭菌 15～20min 后备用。

b. 高渗糖液体增菌培养基：基本同上述高渗盐液体增菌培养基，注意高压灭菌时采用 115.6℃（68.95kPa）高压灭菌 20min，以免蔗糖分解。

③用途。

a. 用作基础培养基。

b. 用于血液、骨髓、胸膜腔积液等标本进行 L－型细菌增菌培养。

④注。

a. 原理：细胞壁缺陷的 L－型细菌，在一般培养基上不能生长和存活，需在高渗环境中才能存活和生长，高渗环境可通过在培养基中加入适量的盐和糖来维持。

b. 接种：取血液 5mL 及其他待检标本接种于培养基中，置 35℃培养 1～7d，每天观察细菌生长情况。L－型细菌呈颗粒状生长，颗粒可黏附于管壁或沉淀于管底。

c. 质量控制：L－型金黄色葡萄球菌生长良好。

（2）L－型增菌培养基：

①成分。

配方一：牛肉浸液 1000mL、氯化钠 30～40g、蛋白胨（优质）20g。

配方二：牛肉浸液 1000mL、氯化钠 30g、蔗糖 150g、蛋白胨（优质）20g。

②制备。将上述成分混合，加热溶解后，调节 pH 至 7.4～7.6，分装，每瓶 15mL，配方一 121.3℃（103.43kPa）高压灭菌 15min 后备用，配方二 115.6℃（68.95kPa）高压灭菌 15min 后备用。

③用途。用于血液、脑脊液等体液标本中 L－型细菌的增殖培养。

④注。

a. 接种：以无菌操作方式采集待检标本，立即接种到 L－型细菌液体培养基和常规血液增菌培养基内，标本与培养基之比为 1∶10，置 35℃培养 3～7d，逐日观察。如发现培养基产生浑浊、溶血、絮状沉淀或瓶壁上附有黏性颗粒等细菌生长现象，立即分

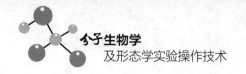

离到 L－型细菌分离琼脂培养基上进行鉴定。

b. 质量控制：用 L－型细菌做生长试验，培养 24～72h，生长良好。

2. L－型细菌分离琼脂培养基。

（1）Kaqan 分离平板：

①成分。牛肉浸液 800mL、氯化钠 50g、蛋白胨 20g、琼脂 8g、无菌血浆（人、马、羊）200mL。

②制备。

a. 将上述成分［无菌血浆（人、马、羊）除外］混合，加热溶解，调节 pH 至 7.4～7.6，分装，每瓶 80mL，121.3℃（103.43kPa）高压灭菌 15min，冷藏备用。

b. 临用时，加热溶解后，冷却至 56℃ 左右时每瓶加入无菌血浆（人、马、羊）20mL 摇匀，倾注无菌平板。放在密封塑料袋中，置 4℃冰箱保存备用。血浆要预先灭菌处理，并经 56℃水浴灭活 30min。

（2）蚌埠 85－7 分离平板：

①成分。牛肉浸液 1000mL、氯化钠 40g、蛋白胨 30g、琼脂 5～8g、明胶 30g。

②制备。

a. 将氯化钠、蛋白胨、琼脂加入牛肉浸液中，加热溶解，将 pH 调节至 7.4～7.6。

b. 加入明胶，分装后经 121.3℃（103.43kPa）高压灭菌 15min，待冷却至 50～60℃后，倾注无菌平板，置 4℃冰箱保存备用。

（3）用途：用于常见 L－型细菌的分离培养。

（4）注。

①接种：将血液、脑脊液、尿等标本或增菌培养物接种于平板上约 0.1mL，用 L－型玻棒均匀涂开，置 35℃恒温培养箱内启盖片刻，除去平板表面水分。在平板的边端贴一片专用诱导纸片。覆盖后置于 35℃、含 10% CO_2 的环境中培养 3～5d，逐日观察。如有可疑 L－型细菌，用低倍镜检查。若在诱导区与非诱导区同时见到 L－型细菌，则说明标本内确有 L－型细菌存在；若诱导区存在 L－型细菌，而非诱导区不存在，则提示标本内有 L－型细菌变异的趋向。

②质量控制：细菌诱导试验，在该平板上能诱导金黄色葡萄球菌 Coweng Ⅰ 标准菌株出现 L－型细菌和 G－型细菌。将 L－型细菌进行 1×10^7 稀释，取 0.1mL 接种，经培养获得单个菌落和纯培养。

一百一十八、Mueller－Hinton（水解酪蛋白）琼脂（M－H 琼脂）

1. 成分：牛肉浸粉 6g、水解酪蛋白 17.5g、可溶性淀粉 1.5g、琼脂 17g、去离子水。

2. 制备：

（1）将上述成分溶于去离子水中，静置 10min，待可溶物完全溶解后，加去离子水至 1000mL，调节 pH 至 7.2～7.4。

（2）121.3℃（103.43kPa）高压灭菌 15min，冷却至 50℃ 左右，倾注无菌平板。吸取 25mL 培养基注入直径 90mm 的平板内，制成厚度为 4mm 的琼脂平板。

3. 用途：

（1）采用 Kirby—Bauer 法的药敏试验指定使用该培养基。该培养基加 5% 无菌脱纤维羊血制成血琼脂平板后可用于检测肺炎链球菌和流感嗜血杆菌。

（2）用于药敏试验测定抗菌药物或其他抗微生物制剂在体外抑制细菌生长的能力，有琼脂扩散法和稀释法两种。

（3）用于 WHO 推荐的改良 Kirby—Bauer 法的药敏试验，其技术简单，可重复性好，且特别适合快速生长的致病菌。但不适用于肺炎链球菌、流感嗜血杆菌和奈瑟菌的药敏试验，需要在该培养基内补充特殊的营养成分。

4. 注。

（1）原理：该培养基的特点是胸腺嘧啶含量低，不干扰磺胺类药物的抑菌作用。另外，钙离子和镁离子的浓度也被控制，使其不干扰氨基糖苷类药物的抑菌作用。

（2）接种：按 NCCLS 的操作标准，用棉拭子蘸菌液均匀涂布平板，贴药敏纸片后置 35℃ 培养过夜。

（3）质量控制：用质量控制菌株测定药物的抑菌环与 NCCLS 的标准参比进行比较，判断培养基的质量。常用的标准菌株有金黄色葡萄球菌 ATCC 25923、大肠埃希菌 ATCC 25922、铜绿假单胞菌 ATCC 27853、粪肠球菌 ATCC 29212 或 33186、肺炎链球菌 ATCC 6305、流感嗜血杆菌 ATCC 10211。

（4）该培养基不加琼脂为 Mueller—Hinton 肉汤液，用于药敏试验管稀释法。

（5）该培养基加入 5% 无菌脱纤维羊血，可用于肺炎链球菌药敏试验。但对于苯唑西林的抑菌环 ≤19mm 的肺炎链球菌菌株应当用稀释法测定青霉素、美洛培南和头孢塞肟或头孢曲松的最低抑菌浓度（MIC），因为抑菌环 ≤19mm，可以发生在青霉素耐药、中介或某些敏感株中，不能仅仅根据苯唑西林的抑菌环 ≤19mm，就报告对青霉素耐药或中介。对于草绿色链球菌，青霉素、氨苄西林和阿莫西林纸片扩散试验结果不可靠，也应当用稀释法测定。

（6）在该培养基的基础上，补充辅酶 I 15mg/mL、牛血红素 15mg/mL，酵母膏 5mg/mL、胸腺嘧啶脱氧核酸化酶 0.2U/mL，可用于流感嗜血杆菌的药敏试验。

（7）NCCLS 推荐淋病奈瑟菌用 GC 琼脂平板，添加生长补充品。此补充品（包括 1L 水中加入 1.1g L—胱氨酸、0.03g 盐酸鸟嘌呤、3mg 盐酸硫胺、13mg 对氨基苯甲酸、0.01g 维生素 B_{12}、0.1g 辅羧酶、0.25g NAD、1g 腺嘌呤、10g L—谷氨酰胺、100g 葡萄糖和 0.02g 硝酸铁）是在 GC 琼脂高压灭菌后加入的。

一百一十九、Mueller—Hinton 肉汤

1. 成分：牛肉浸粉 6g、水解酪蛋白 17.5g、可溶性淀粉 1.5g、去离子水。

2. 制备：

（1）将上述成分溶于去离子水中，加热溶解，调节 pH 至 7.2~7.4，加去离子水至 1000mL。

（2）121.3℃（103.43kPa）高压灭菌 15min，备用。若试验对营养要求较高，则临用前加 0.5% 血清。试验方法参照 NCCLS 稀释法操作规程。

3. 用途：用于稀释法细菌药敏试验［MIC 和最低杀菌浓度（MBC）测定］。

4. 注。

（1）原理：因该培养基不含胸腺嘧啶，且镁、钙等金属离子含量低，不干扰磺胺类及氨基糖苷类药物的抑菌作用，所以适宜药敏试验的测定。

（2）质量控制：质控菌株同 M−H 琼脂，凡自配或购置的商品培养基均需用质控菌株和药物标准品进行测试，结果符合方可使用。

（3）NCCLS 推荐在该培养基中添加钙离子 10～25mg/L、镁离子 10～25mg/L。

一百二十、Skirrow 血琼脂培养基

1. 成分：蛋白胨 15g、胰蛋白胨 2.5g、酵母浸膏 5g、氯化钠 5g、琼脂 15g、万古霉素 10mg、多黏菌素 B 2500IU、甲氧苄氨嘧啶（TMP）5mg、冻融无菌脱纤维马血 70mL、去离子水。

2. 制备：

（1）除 TMP、抗生素和冻融无菌脱纤维马血外，将其他成分溶于去离子水中，调节 pH 至 7.4，加去离子水至 1000mL，制成基础培养基，分装，每瓶 100mL，121.3℃（103.43kPa）高压灭菌 15min。

（2）待冷却至 50℃时，每 100mL 基础培养基中加入冻融无菌脱纤维马血 7mL 和 TMP、抗生素混合液 0.5mL，摇匀，倾注无菌平板。4℃冰箱保存备用。

3. 用途：用于空肠弯曲菌及幽门螺杆菌分离培养。

4. 注。

（1）原理：该培养基内含有多种广普和窄普抗菌药物，能抑制大多数革兰阳性菌和革兰阴性杆菌的生长，有利于空肠弯曲菌和幽门螺杆菌的生长，为最理想的弯曲菌选择分离培养基。

（2）接种：取待检标本划线接种于平板上，置 25℃或 43℃微需氧环境中培养过夜。经 48h 培养，菌落直径达 1～2mm，是不溶血的菌落。

（3）质量控制：大肠埃希菌 ATCC 25922，不生长。粪肠球菌 ATCC 33186，不生长。空肠弯曲菌胎儿种 ATCC 29424，生长良好。

（4）TMP（又称磺胺增效剂或抗菌增效剂）：为广谱抗菌剂，其抗菌谱与磺胺嘧啶相似，但对链球菌及大多数革兰阴性菌的抗菌作用较磺胺嘧啶强，与抗生素合用有协同作用，能增加杀菌和抑菌作用。

万古霉素：是窄谱抗生素，仅对革兰阳性菌有较强的杀菌和抑菌作用，如溶血性链球菌、草绿色链球菌、肠球菌、金黄色葡萄球菌等。

多黏菌素 B：仅对革兰阴性杆菌，如对产气杆菌、流感杆菌、痢疾杆菌等有杀菌和抑菌作用。

TMP 和抗生素（万古霉素、多黏菌素 B）称量必须正确，操作必须慎重小心。

（5）TMP、抗生素混合液配法：先配成乳酸、TMP 溶液，以乳酸 62mg（1～2 滴）混合于 100mL 去离子水中，加入 TMP 100mg，混合后加热 100℃灭菌 15min。然后取乳酸、TMP 溶液 5mL，加入万古霉素及多黏菌素 B，混匀后，即成 TMP、抗生素混合液。

（6）空肠弯曲菌和幽门螺杆菌系微需氧菌，环境中只可含5％氧气和10％二氧化碳。在较多氧气中极易死亡，因此标本采集后，应尽快接种培养，或放入运送培养基中运送。

一百二十一、SP-4 肉汤和琼脂平板

1. 基础培养基成分：去离子水、无结晶紫支原体肉汤粉3.5g、胰蛋白胨10g、2mol/L盐酸溶液、蛋白胨5.3g、精氨酸（用于人型支原体培养时）2g、1％酚红水溶液（每月新鲜配制）2mL、DNA 0.2g、Noble琼脂（制备SP-4琼脂平板）15g。

2. 制备：

（1）制备基础培养基，将上述成分放入烧杯内，混匀后溶于去离子水中，用2mol/L盐酸溶液调节pH至5.5，加去离子水至1000mL，121℃高压灭菌15min。如果用于琼脂平板，冷却至56℃水浴。

（2）添加物：10×CMRL1066（Gibco）50mL，25％酵母提取物35mL，2％自溶酵母水解物100mL，灭活胎牛血清170mL，5％葡萄糖10mL，青霉素G 1000U/mL。每种成分分别制备，不是无菌的需过滤除菌，将每种成分加入基础培养基中，调节pH至7.4～7.6（用于肺炎支原体培养），或调节pH至7.0并加入精氨酸（用于人型支原体培养）。若加入琼脂，则倾注无菌平板，冷却2h后翻扣平板，置室温过夜，封入塑料袋置4℃可保存3个月。

3. 用途：用于肺炎支原体及人型支原体的培养。

一百二十二、SS 琼脂

"SS"为沙门菌、志贺菌（*Salmonella*、*Shigella*）的缩写。

1. 成分：牛肉膏5g、蛋白胨5g、乳糖10g、三号胆盐3.5g、枸橼酸钠8.5g、硫代硫酸钠8.5g、枸橼酸铁1g、琼脂15～20g、1％中性红水溶液2.5mL、0.1％煌绿水溶液0.33mL、去离子水。

2. 制备：

（1）将上述成分（1％中性红水溶液、0.1％煌绿水溶液除外）溶于去离子水中，加热煮沸溶解（不高压），调节pH至7.0～7.2，加去离子水至1000mL。

（2）加入1％中性红水溶液、0.1％煌绿水溶液，充分混匀，冷却至55℃左右时，倾注无菌平板，凝固后即可。

3. 用途：用于沙门菌和志贺菌的分离培养。

4. 注。

（1）原理：SS琼脂是分离沙门菌及志贺菌的强选择性培养基。其成分中除蛋白胨、牛肉膏作为氮源、碳源外，其他成分则为选择性抑制剂和缓冲剂。如枸橼酸钠、三号胆盐、硫代硫酸钠与煌绿可抑制肠道非病原性细菌及部分大肠埃希菌的生长，对志贺菌及沙门菌相对抑制性较弱。

煌绿对肠道非病原性细菌有抑制作用而有助于肠道致病菌的生长；胆盐对革兰阳性

球菌和大肠埃希菌都有抑制作用，同时还能促进沙门菌生长；枸橼酸铁能中和煌绿、中性红等染料的毒性；硫代硫酸钠能使大肠埃希菌的红色菌落颜色鲜明，并能增强枸橼酸钠和三号胆盐的抑菌作用；另外，硫代硫酸钠和枸橼酸钠为还原剂，可使细菌产生的硫化氢避免被氧化，菌落中心呈黑色，以达到选择作用；中性红为指示剂，酸性时呈红色，碱性时呈黄色。

大肠埃希菌能发酵乳糖产酸，使中性红变红，产生的酸还能使三号胆盐沉淀，故菌落呈红色或出现红色中心，菌落周围有白色混浊沉淀。沙门菌和志贺菌不发酵乳糖，故菌落为无色透明。另外，肠道致病菌能利用蛋白胨产生碱性产物，所以有的菌落呈淡黄色。有的细菌分解培养基中的蛋白质形成氨，使培养基 pH 上升，故有的菌落可呈黄色。

（2）接种：将病人或带菌者的待检标本直接划线接种在该平板上，置 35℃ 培养 18~24h。沙门菌菌落呈无色半透明，产生硫化氢者菌落中心呈黑色。部分菌株如亚利桑那亚属Ⅲ有发酵乳糖的能力，菌落呈红色、中心黑色。志贺菌菌落呈无色透明。大肠埃希菌呈红色混浊。宋内志贺菌能延缓发酵乳糖，培养 24h 后可以出现红色菌落。肠道致病菌的菌落直径均可达 1.5mm 以上。

（3）因为该选择培养基对大肠埃希菌有抑制作用，而对肠道致病菌无抑制作用，因此可以增加标本的接种量，提高肠道致病菌阳性分离率。

（4）质量控制：大肠埃希菌，抑制性生长，菌落呈红色；痢疾志贺菌Ⅰ型、福氏志贺菌和伤寒沙门菌生长良好，菌落无色；肠炎或猪霍乱沙门菌菌落呈黑色；粪肠球菌、金黄色葡萄球菌不生长。

（5）煌绿要新配，中性红要优质，由于中性红可被光线破坏，因此应将培养基保存于暗处。此培养基因含胆盐量较高，对肠道非病原性细菌有较强的抑制作用。在目前商品培养基中，不同厂家的产品抑菌力不同，使用时应注意。选择性过强可能影响检出率，所以，最好的办法是选择一种弱选择平板，以配对互补使用。

（6）保存：本培养基切记高压灭菌或加热过久，宜当日使用，或保存于 4℃ 冰箱 48h 内使用。

一百二十三、TTC 沙保罗培养基

1. 成分：葡萄糖 40g、蛋白胨 10g、琼脂 15g、氯霉素 50mg、1%氯化三苯基四氮唑（TTC）水溶液 5mL、去离子水。

2. 制备：

（1）将上述成分（氯霉素和 1%TTC 水溶液除外）溶于去离子水中，混合溶解，调节 pH 至 5.6，加去离子水至 1000mL。

（2）经 121.3℃（103.43kPa）高压灭菌 15min 后，加入氯霉素和 1%TTC 水溶液，充分混匀，分装试管，制成斜面或倾注无菌平板。

3. 用途：用于临床标本中真菌、酵母菌分离。

4. 注。

（1）原理：蛋白胨提供氮源、维生素、生长因子；葡萄糖提供碳源；大多数细菌能还原 TTC，使细菌形成易于辨别的红色菌落，TTC 还能减缓某些细菌的蔓延生长；琼脂是凝固剂。

该培养基对酵母样真菌分离效果理想，TTC起到菌落的鉴别作用，热带念珠菌为紫红色，白色念珠菌为无色，其他念珠菌为淡红色，氯霉素可抑制某些细菌和污染霉菌的生长，而对酵母样真菌的生长不产生影响。

（2）该培养基不加琼脂，即为沙氏葡萄糖液体培养基。

一百二十四、Wilkins—Chalgren 琼脂

1. 成分：胰酪蛋白胨10g、蛋白胨10g、酵母浸粉5g、葡萄糖1g、氯化钠5g、L—精氨酸1g、丙酮酸钠1g、氯化血红素5mg、维生素K_1 0.5mg、琼脂15g、去离子水。

2. 制备：

（1）将上述成分溶于去离子水中，加热溶解，调节pH至6.9～7.3，加去离子水至1000mL。

（2）分装，121.3℃（103.43kPa）高压灭菌15min，冷却至50℃左右，倾注无菌平板。4℃冰箱保存备用。

3. 用途：用于厌氧菌的分离培养。

4. 注。质量控制：37℃厌氧培养48～72h，产气荚膜梭菌、腐败梭菌应生长良好。

（贺亚玲）

第五章
常用染液的配制及染色法

一、阿伯特（Albert）异染颗粒染液

（一）阿伯特（Albert）异染颗粒染液的配制

1. 成分：

（1）甲液：甲苯胺蓝 0.15g、孔雀绿 0.2g、冰醋酸 1mL、95％酒精溶液 2mL、去离子水。

（2）乙液：碘 2g、碘化钾 3g、去离子水。

2. 制备：

（1）制备甲液：将甲苯胺蓝和孔雀绿放于研钵内，加 95％酒精溶液研磨使其溶解，然后边研磨边加去离子水和冰醋酸，充分混匀，加去离子水至 100mL。存储于瓶内，室温过夜，次日用滤纸过滤后装入棕色瓶中，置阴暗处备用。

（2）制备乙液：先将碘化钾溶于 10mL 去离子水中，再加碘，待完全溶解后，加去离子水至 300mL。

3. 用途：异染颗粒染色，白喉棒状杆菌染色。

（二）阿伯特（Albert）异染颗粒染色法（以白喉杆菌为例）

（1）加甲液于已固定的细菌涂片上，染 3~5min。

（2）水洗后加乙液染 1min，水洗，待干，镜检。

（3）结果：白喉杆菌菌体呈淡绿色，异染颗粒呈深黑色。

二、埃利希（Ehrlich）苏木精染液

1. 成分：苏木精 2g、无水乙醇 100mL、冰醋酸 10mL、去离子水 100mL、甘油 100mL、硫酸铝钾 10g。

2. 制备：

（1）先将苏木精溶于无水乙醇中，再加冰醋酸，混合后加去离子水和甘油，然后加硫酸铝钾至饱和，搅拌均匀，倒入棕色瓶中。

（2）将瓶口用 1 层纱布包着小块棉花塞上，放在暗处通风的地方，并经常摇动促进"成熟"，直到液体颜色变为深红色。成熟时间 2~4 周。若加 0.4g 碘酸钠可加快成熟。

（3）临用时，用 pH 为 6.8 的 PBS 稀释 10 倍。

3. 用途：用于细胞核、肥大细胞等的染色。

三、鞭毛染液

（一）鞭毛染液的配制

1. 配方一（改良 Ryu 染液）。

1）成分。

（1）媒染剂：5％石炭酸（苯酚）水溶液 10mL、鞣酸 2g、硫酸铝钾饱和液 10mL。

（2）染色液：结晶紫酒精饱和液。

（3）鞭毛染色工作液：将媒染剂和染色液按照 10∶1 的比例混合后，滤纸过滤即可。

2）制备。

（1）制备 5％苯酚水溶液：称取 5g 苯酚溶于 90mL 热的去离子水中，40～50℃水浴加热使之溶解，待溶液冷却至室温时，补充去离子水至 100mL，即为 5％苯酚水溶液。

（2）制备硫酸铝钾饱和液：称取 25g 硫酸铝钾溶于 100mL 去离子水中，加热溶解即成硫酸铝钾饱和液。

（3）制备结晶紫酒精饱和液：称取结晶紫 8g 溶于 100mL 的 95％酒精溶液中即成结晶紫酒精饱和液。

2. 配方二。

1）成分。鞣酸 10g、氯化钠 5g、碱性复红 4g、无水乙醇 330mL、去离子水。

2）制备。将鞣酸、氯化钠、碱性复红混合，研磨成细粉，称取 19g，加无水乙醇 330mL，调节 pH 至 5.0，加去离子水至 1000mL。

3. 配方三〔改良利夫森（Leifson's）鞭毛染色液〕。

1）成分。A 液：20％单宁（鞣酸）溶液 2mL；B 液：饱和钾明矾液（20％）2mL；C 液：5％苯酚水溶液 2mL；D 液：碱性复红酒精饱和液 1.5mL。

2）制备。

（1）分别配制 A 液、B 液、C 液、D 液四种液体。A 液：称取 20g 单宁溶于 100mL 去离子水中即成；B 液：称取 20g 钾明矾溶于 100mL 去离子水中即成；C 液：称取 5g 苯酚溶于 90mL 热的去离子水中，40～50℃水浴加热使之溶解，待溶液冷却至室温时，补充去离子水至 100mL，即为 5％苯酚水溶液；D 液：取碱性复红 1g 溶于 10mL 的 95％酒精溶液中，即为碱性复红酒精饱和液。

（2）按 B 液加到 A 液中，C 液加到 A、B 混合液中，D 液加到 A、B、C 混合液中的顺序，混合均匀，随后立即过滤 15～20 次，2～3d 内使用效果较好。

4. 配方四（含硝酸银的鞭毛染液）。

1）成分。

（1）甲液：单宁酸 5g、三氯化铁 1.5g、去离子水、1％氢氧化钠溶液 1mL、15％甲醛溶液 2mL。

（2）乙液：硝酸银 2g、去离子水。

（3）丙液：浓氢氧化铵溶液。

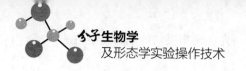

2）制备。

（1）制备甲液：称取单宁酸、三氯化铁，溶于去离子水中，待溶解后加入1‰氢氧化钠溶液和15％的甲醛溶液，加去离子水至100mL。4℃冰箱内可保存3～7d。延长保存期会产生沉淀，但用滤纸除去沉淀后仍能使用。

（2）制备乙液：称取硝酸银溶于去离子水中，加去离子水至100mL。

（3）在90mL乙液中滴加丙液，使之形成很浓厚的悬浮液，继续滴加直至新形成的沉淀又刚好被溶解，形成澄清液。然后用剩余的乙液小心滴加至澄清液中，至出现薄雾，但轻轻摇动后薄雾状沉淀又消失，再滴入直至摇动后仍出现轻微而稳定的薄雾状沉淀（此为关键性操作，应特别小心）。滴加丙液和用剩余乙液回滴时，要边滴边充分摇荡，染液当天配，当天使用，2～3d后基本无效。如4℃冰箱内保存可使用10d。若雾重，则表明银盐沉淀析出，不宜使用。

5．用途：用于大多数有鞭毛的细菌，如普通变形杆菌、奇异变形杆菌、铜绿假单胞菌、鼠伤寒沙门菌、大肠埃希菌的染色。

6．原理：鞭毛作为某些细菌的一种特殊结构，是细菌的运动器官。细菌的鞭毛极细，长5～20μm，直径10～20nm。因此，只有在电子显微镜下才能观察到。但是，若采用特殊染色法，在普通光学显微镜下也能清楚地看到它。用于鞭毛染色的方法很多，其基本原理都是在染色前先用媒染剂进行处理，使鞭毛直径增粗后再进行染色。

（二）鞭毛染色法

1．染色法一：用配方一的染液，改良的Ryu染色湿片法。

（1）菌悬液的制备：因为菌龄较老的细菌容易脱落鞭毛，所以在染色前应将待染细菌在新配制的牛肉膏蛋白胨培养基斜面上（培养基表面湿润，斜面基部含有冷凝水）连续移接3～5代，以增强细菌的运动力。最后一代放恒温培养箱中培养12～16h。然后，用接种环挑取斜面与冷凝水交接处的菌液数环，移至盛有1～2mL无菌水的试管中，使菌液呈轻度混浊。将该试管放在37℃恒温培养箱中静置10min（放置时间不宜太长，否则鞭毛会脱落），让幼龄菌的鞭毛松展，制成菌悬液。

（2）在洁净无油的载玻片上用毛细吸管滴加1滴菌悬液，盖上盖玻片。再在盖玻片周围滴加2滴染液，室温放置5min后，在油镜下观察，最佳观察区域是在盖玻片边缘至中心部位的1/2处（染出蓝紫色效果）。

2．染色法二：用配方二的染液，以伤寒杆菌为例。

（1）吸取伤寒沙门菌18h普通琼脂斜面培养物中的凝固水内培养物，加3mL去离子水，以2000rpm离心沉淀10min，弃去上清液，重复洗三次，最后吸取沉淀物，加生理盐水3mL，再加10％甲醛溶液0.2mL，置37℃恒温培养箱中2h，然后稀释菌悬液，使每毫升含菌3亿，保存于4℃冰箱，可用1周。

（2）以白金耳取菌悬液，涂于洁净无油的载玻片上，使菌膜直径成1～2cm，并以玻璃铅笔画出菌膜范围，以3～4cm为宜。

（3）加染液10滴（约0.3mL）。

（4）室温22℃染色10min，然后水洗。

（5）再用吕氏美蓝染液复染，室温10～15min，水洗，印干，镜检。菌体呈蓝色，鞭毛呈红色。

3. 染色法三：用配方四的染液，银染法。

(1) 在风干的载玻片上滴加甲液，4~6min 后，用去离子水轻轻冲净。

(2) 再加乙液，缓缓加热至冒汽，维持约半分钟，加热时注意切勿使液面干涸。

(3) 菌体多的部位呈深褐色到黑色时停止加热，用水冲净，干后镜检，菌体及鞭毛呈深褐色到黑色。

4. 注：

(1) 细菌鞭毛很细，不做特殊处理，一般光学显微镜是看不见的，鞭毛上沉积了染剂或银盐后才能看到，这是所有鞭毛染色的依据。

(2) 染液可以在载玻片上沉积，如果载玻片上沉积染液太多，就会影响鞭毛染色效果。因此，所用载玻片一定要用特殊方法严格洗涤。此外，染液处理时间一定要严格掌握。处理时间太短，鞭毛上没有足够的沉积物看不清楚；处理时间太长，载玻片上沉积染液太多，也看不清楚。

(3) 菌龄十分重要，培养时间不足或培养时间太长都不易染色成功，不同种类细菌培养时间差异较大，如白菜软腐病菌以在 26~28℃恒温培养箱中培养 16~18h 为宜。

总之，鞭毛染色比较困难，必须严格控制每个操作环节。

四、醋酸洋红染液

1. 成分：洋红 1g、45％醋酸溶液 100mL、1％~2％铁明矾水溶液适量。

2. 制备：

(1) 将洋红倒入 45％醋酸溶液中，边煮边搅拌，沸腾时间不超过 30s，冷却后过滤，即可使用。

(2) 加入 1％~2％铁明矾水溶液，至染液变为暗红色而不发生沉淀为止。

(3) 进行永久标本染色时，可加入饱和氢氧化铁溶液或醋酸铁溶液（媒染剂）数滴，至染液呈浅蓝色为止。

3. 用途：在涂片法与压片法中，醋酸洋红染液常用于细胞核或染色体的固定和染色。在 45％醋酸溶液中加入洋红使之饱和，再加入微量的铁离子（1％~2％铁明矾水溶液），使醋酸洋红染液中的醋酸在进行固定时，洋红将细胞核或染色体染成红色。

五、番红水液

1. 成分：番红 0.1g、去离子水。

2. 制备：称取番红溶于去离子水中，加去离子水至 100mL。

3. 用途：番红是一种碱性染料，可将木质化、栓质化和角质化的细胞壁及细胞核中的染色质和染色体染成红色，在植物组织制片中常与固绿配合进行对染，是常用的染色剂之一。

六、番红酒液

1. 成分：番红 0.5g 或 1g、50％酒精溶液。

2. 制备：称取番红溶于 50％酒精溶液中，加 50％酒精溶液至 100mL。

3. 用途：同番红水液。

七、冯泰纳镀银染液

（一）冯泰纳镀银染液的配制

1. 成分：罗吉氏固定液、鞣酸媒染液、硝酸银溶液。

2. 制备：

（1）制备罗吉氏固定液：冰醋酸 1mL、40％甲醛溶液 2mL、去离子水 100mL，三者混匀即成。

（2）制备鞣酸媒染液：称取鞣酸 5g、苯酚 1g，溶于去离子水中，加去离子水至 100mL 即成。

（3）制备硝酸银溶液：称取硝酸银 1g 溶于 50mL 去离子水，待硝酸银溶解后逐滴加 10％氢氧化铵溶液，产生褐色沉淀，继续滴加 10％氢氧化铵溶液直到沉淀溶解，微现乳白色为止。若液体变清，可再加少许 10％氢氧化铵溶液以校正之，此溶液必须于临用前现配，不宜长久保存。

3. 用途：用于钩端螺旋体的染色。

（二）冯泰纳镀银染色法

（1）标本涂片宜薄，自然干燥（不能用火焰固定）。

（2）滴加罗吉氏固定液，作用 1~2min。

（3）用无水乙醇洗涤。

（4）滴加鞣酸媒染液 2~3 滴，加温至出现蒸汽，染 30s，水洗。

（5）滴加硝酸银溶液，加温至出现蒸汽，染 30s，水洗，待干。

（6）用加拿大树胶封片，镜检（如不加盖玻片，香柏油可使螺旋体脱色）。

（7）结果：螺旋体染成棕黑色，背景为淡棕色。

八、改良苯酚复红染液

1. 成分。原液 A：碱性复红 3g、70％酒精溶液 100mL；原液 B：原液 A 10mL、5％苯酚水溶液 90mL；原液 C：原液 B 55mL、冰醋酸 6mL、38％甲醛溶液 6mL；染液：原液 C 20mL、45％醋酸溶液 80mL、山梨醇 1g。

2. 制备：

（1）制备原液 A：将 3g 碱性复红溶入 70％酒精溶液，加 70％酒精溶液至 100mL，此液可长期保存。

（2）制备原液 B：将 10mL 原液 A 加入 90mL 5％苯酚水溶液中。

（3）制备原液 C：将 55mL 原液 B 加入 6mL 冰醋酸和 6mL 38％甲醛溶液的混合液中。

（4）制备染液：取原液 C 20mL，加 45％醋酸溶液 80mL，充分混匀，再加入 1g 山梨醇，放置 14d 后使用，可保存 3 年。

3. 用途：生物学上常用作观察细胞分裂时染色体形态的染色剂。

4. 注：

（1）配制好的染液放置 2 周后使用，染色效果显著，可普遍用于植物组织的压片法和涂片法，使用 2～3 年不变质。

（2）山梨醇为助渗剂，兼有稳定染液的作用。虽然没有山梨醇，也能染色，但效果稍差。

九、革兰染液

（一）革兰染液的配制

1. 初染液。

1）配方一（结晶紫染液）。

（1）成分：结晶紫 10g、无水甲醇。

（2）制备：称好结晶紫后，在研钵中研磨至粉末，倒入无水甲醇少许，边研磨边倒入瓶内，重复此步骤，至结晶紫全部溶解，加无水乙醇至 500mL，最后全部倒入瓶内。

2）配方二（草酸铵结晶紫染色液）。

（1）成分：结晶紫 2g、95％酒精溶液、草酸铵 0.8g、去离子水。

（2）制备：A 液，称取结晶紫，研细，溶于 20mL 95％酒精溶液中。B 液，溶解草酸铵于 80mL 去离子水中。混合上述两种溶液，放置 24h 后过滤即可。

2. 媒染液（卢戈氏碘液）。

（1）成分：碘化钾 2g、碘 1g、去离子水。

（2）制备：先用 3～5mL 去离子水溶解碘化钾，然后加入碘，稍加热，使之完全溶解，再加去离子水到 300mL，过滤后使用。也可以先溶解碘化钾，在研钵中研磨碘，至粉末状后，再加去离子水，边研磨边往瓶内倒，直至倒完去离子水（共计 300mL）。

3. 脱色液。

1）配方一（丙酮酒精溶液），丙酮 100mL、95％酒精溶液 300mL。

2）配方二，95％酒精溶液。

4. 复染液。

1）配方一［沙黄（番红）复染液］。

（1）成分：沙黄（即番红花红 T）10g、去离子水。

（2）制备：称取沙黄溶于 1000mL 去离子水中即可。

2）配方二（稀释苯酚复红溶液）。

（1）成分：碱性品红 1g、95％酒精溶液 10mL、5％苯酚水溶液 90mL、去离子水 90mL。

（2）制备：

①称取碱性品红溶于 95％酒精溶液中，即配成碱性品红饱和酒精溶液。

②吸取 10mL 碱性品红饱和酒精溶液和 5％苯酚水溶液混匀，即为苯酚复红溶液。

③吸取 10mL 苯酚复红溶液和去离子水混匀即成稀释苯酚复红溶液。

5. 用途：革兰染液不仅可以用来观察细菌的形态，而且还是细菌鉴定的重要染液，

它可将细菌区分为革兰阳性菌和革兰阴性杆菌两大类。

6. 注：

（1）倒结晶紫染液时，研钵贴住瓶口，迅速倒入，或者用玻璃棒引流，防止漏到外面。

（2）碘在碘化钾的低浓度溶液中不溶解。

（3）卢戈氏碘液要贮存于棕色瓶内备用，如变为浅黄色即不能使用。

（4）脱色液配方一含丙酮，较配方二脱色效果好。

（5）沙黄（番红）复染液存放于不透气的棕色瓶中。

（6）苯酚即石炭酸，碱性品红即碱性复红。

（7）染液配制时间要尽量长，使其中的成分彻底溶解，保证染色效果。

（二）革兰染色法

固定后的玻片冷却后进行染色。

1）初染。滴加结晶紫染液，滴加量以覆盖菌膜为限，染色 1min 后，水冲洗甩干（注意水柱不能直接冲到菌膜上），直至玻片流下水为无色或颜色很淡。

2）媒染。卢戈氏碘液滴加量与结晶紫染液相同，染色 1min 后，水冲洗甩干，主要是加固颜色。

3）脱色。滴加数滴脱色液，并不断摇动玻片 30s，无紫色脱下时立即用水冲洗后甩干。

4）复染。滴加数滴复染液，染色时间 30s，水冲洗后甩干，并用滤纸吸干玻片上所有水滴。

5）操作中的关键点。

（1）染色细菌的培养时间应在 18～24h 内。

（2）取细菌量不宜多，否则菌膜厚度太大，影响观察。

（3）精确掌握染、脱色时间，以免出现细菌染色与真实结果不符的情况。

（4）严格无菌操作，避免污染环境和自己。

6）结果。染色呈紫色的，为革兰染色阳性菌；染色呈红色的，为革兰染色阴性杆菌。

十、固绿染液

1. 成分：固绿 0.1g、95%酒精溶液。

2. 制备：称取固绿溶于 95%酒精溶液中，加 95%酒精溶液至 100mL。

3. 用途：该染液能染色含有浆质的纤维素细胞组织，还可用作动、植物浆质染色剂。在植物组织制片中常与番红染液配合进行对染，是常用的染色剂之一。

十一、10g/L 煌焦油蓝生理盐水溶液

1. 成分：煌焦油蓝 1.0g、柠檬酸三钠 0.4g、氯化钠 0.85g、去离子水。

2. 制备：称取上述成分溶于去离子水中，混匀，加去离子水至 100mL，过滤后贮存于棕色瓶中备用。

3. 用途：用于网织红细胞染色。

4. 原理：网织红细胞胞质内残存少量核蛋白体和核糖核酸（RNA）等嗜碱性物质，经该染液活体染色后呈蓝色网织状或点粒状，可与完全成熟的红细胞区别。

5. 注：染液质量直接影响网织红细胞计数的准确性。煌焦油蓝溶解度低，易形成沉淀吸附于红细胞表面，故该染液应定期配制，以免变质沉淀。

十二、吉姆萨（Giemsa）染液

（一）吉姆萨染液的配制

1. 母液。

1）成分：吉姆萨染料 1g、中性甘油 66mL、甲醇 66mL。

2）制备：将吉姆萨染料先溶于少量甘油，在研钵内研磨 30min 以上，直至看不见颗粒为止，将剩余甘油倒入，于 56℃恒温培养箱内保温 2h。然后再加入甲醇，搅匀后即成母液，保存于棕色瓶中。母液配制后放入 4℃冰箱可长期保存，一般刚配制的母液染色效果欠佳，保存时间越长越好。

2. 缓冲液。

1）成分：磷酸二氢钾（KH_2PO_4）6.66g、十二水磷酸氢二钠（$Na_2HPO_4 \cdot 12H_2O$）6.38g、去离子水。

2）制备：称取上述成分溶于去离子水中，加去离子水至 100mL 即成 pH 为 6.8 的缓冲液。

3. 用途：吉姆萨染料由天青 Ⅱ 和伊红组成。该染液广泛用于寄生虫、血液和细胞涂片、细菌、染色体显带、细胞凋亡检测等的染色。

4. 原理：各种细胞成分化学性质不同，对各种染料的亲和力也不一样。碱性蛋白质与酸性染料伊红结合，呈粉红色，称为嗜酸性物质；细胞核蛋白和淋巴细胞胞浆为酸性，与碱性染料美蓝（或天青 Ⅱ）结合，呈蓝紫色，称为嗜碱性物质；中性颗粒呈等电状态，与伊红和美蓝均可结合，呈淡紫色，称为中性物质。

5. 注。

（1）工作液：使用时，用缓冲液或去离子水 8 份，加母液 1 份，即成工作液，也可以根据实际情况摸索合适的比例（如母液被缓冲液稀释 10~20 倍均可），从而达到最佳染色效果。

（2）20% 甲醇盐酸溶液：甲醇 20mL、去离子水 80mL，混合后加 2mol/L 盐酸溶液 2 滴即成。

（3）吉姆萨染液对细胞核和寄生虫着色较好，结构显示更清晰，但对细胞质和中性颗粒则着色较差。

（二）吉姆萨染色法

（1）按常规方法制片，自然干燥。用玻璃铅笔在两端划线，以防染色时染液外溢。

（2）将玻片平置于染色架上，甲醇固定 2min，滴加工作液，覆盖血膜，染 15~30min，流水冲洗。待干燥后显微镜检查。

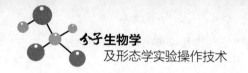

分子生物学
及形态学实验操作技术

（3）染色后标本呈粉红色，则酸碱度适宜；若染色后标本呈蓝紫色，则为偏碱，可用20％甲醇盐酸溶液稍加脱色，至标本呈粉红色为宜。

（4）结果：红细胞呈粉红色，淋巴细胞的细胞核呈深蓝紫色、胞浆呈淡蓝色，其他粒细胞核及颗粒清晰。

十三、甲基绿—派洛宁染液（Unna 试剂）

1. 成分：派洛宁 0.25g、甲基绿 0.15g、95％酒精溶液 20mL、甘油 20mL、0.5g苯酚、去离子水。

2. 制备：

（1）制备 0.5％苯酚水溶液：称取 0.5g 苯酚，溶于去离子水中，加去离子水至100mL。

（2）将派洛宁、甲基绿、95％酒精溶液、甘油混合，溶于 0.5％苯酚水溶液中，加0.5％苯酚水溶液至 100mL，即成甲基绿–派洛宁染液。

3. 用途：该染液是一种组织或细胞染色时常用的、可以把细胞核染成绿色或蓝绿色，或者把胞浆和细胞核中的核仁染成红色的染液。

4. 原理

当甲基绿与派洛宁作为混合染料时，甲基绿易与聚合程度高的 DNA 结合呈现绿色，而派洛宁则与聚合程度较低的 RNA 结合呈现红色（但解聚的 DNA 也能和派洛宁结合呈现红色），即 RNA 对派洛宁亲和力大，被染成红色；而 DNA 对甲基绿亲和力大，被染成绿色。

十四、荚膜染液

（一）荚膜染液的配制

1. 配方一［黑斯（Hiss）荚膜染色液］。

1）成分。Ⅰ液，结晶紫染液；Ⅱ液，200g/L（20％）硫酸铜水溶液。

2）制备。

（1）制备结晶紫染液：称取结晶紫 4～8g，溶于 100mL 95％酒精溶液中制成结晶紫酒精饱和液。结晶紫酒精饱和液 5mL 加去离子水 95mL 制成结晶紫染液。

（2）制备 20％硫酸铜水溶液：称取 20g 硫酸铜，溶于去离子水中，加去离子水至100mL 即成。

2. 配方二［黑色素水溶液（荚膜负染色用）］。

1）成分。黑色素 10g、去离子水、40％甲醛溶液（福尔马林）0.5mL。

2）制备。将黑色素溶于去离子水中，加去离子水至100mL，煮沸 5min，再加福尔马林作为防腐剂，用玻璃棉过滤。

3. 配方三。

1）成分。Ⅰ液，刚果红染液；Ⅱ液，5％稀盐酸溶液；Ⅲ液，结晶紫染液（革兰染液初染液）。

2）制备。

（1）制备 I 液，称取刚果红 4.59g 溶于去离子水中，加去离子水至 100mL，用时将此液 5 份与血清 1 份混合即可。

（2）制备 II 液，量取 5mL 浓盐酸溶液、95mL 去离子水，混匀即可。

（3）制备 III 液，成分包括结晶紫、无水甲醇 500mL。制法是称取结晶紫 10g，在研钵中研磨至粉末，倒无水甲醇少许，边研磨边倒入瓶内，重复此步骤，至结晶紫全部溶解、无水甲醛用完，最后全部倒入瓶内。

4. 用途：用于细菌荚膜染色，如肺炎链球菌、流感嗜血杆菌、炭疽芽胞杆菌及产气荚膜梭菌等细菌荚膜染色。

5. 原理：荚膜是包围在细菌菌体外面的一层黏性物质，其主要成分为多糖类，由于荚膜与染料间的亲和力弱，不易着色，通常采用负染色法染荚膜，即设法使菌体和背景着色而荚膜不着色，从而使荚膜在菌体周围呈一透明圈。由于荚膜的含水量在 90％以上，故染色时一般不加热固定，以免荚膜皱缩变形。

6. 注：配方三中刚果红染液可长期存放。

（二）荚膜染色法

1. 染色法一：用配方一的染液，以肺炎双球菌为例。

（1）取肺炎双球菌做成涂片，自然干燥，乙醇固定。

（2）滴加 I 液，微加热染 1min 至有蒸汽为止。

（3）用 II 液将 I 液洗去，勿用水洗，倾去 II 液，以吸水纸吸干，镜检。

2. 染色法二：用配方三的染液，以肺炎克雷伯菌为例。

（1）取 I 液适量置玻片一端，取细菌与染液混匀，按推片方法将染液推成薄膜，自然干燥（细菌取普通琼脂平板上培养 24h 的肺炎克雷伯菌）。

（2）滴加 II 液覆盖 1min，流水冲洗。

（3）滴加 III 液染色 1min，流水冲洗，晾干镜检。

（4）结果：背景为紫红色，菌体紫色，荚膜无色，荚膜与菌体和背景反差强，容易观察。

十五、金胺"O"染液

（一）金胺"O"染液的配制

1. 成分：初染液：金胺"O"染液；脱色液：3％盐酸酒精溶液；复染液：0.5％高锰酸钾水溶液。

2. 制备：

（1）初染液：金胺"O"0.01g 溶于 95％的酒精 10mL，加 5％苯酚水溶液至 100mL。

（2）脱色液：量取 75％酒精溶液 97mL，加入浓盐酸溶液 3mL，混匀即成。

（3）制备复染液：将 0.5g 高锰酸钾溶于 100mL 去离子水中即可。

3. 用途：用于分枝杆菌染色。

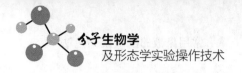
4. 原理

在室温条件下初染液染色以及复染液复染后，高倍镜（物镜 40×、目镜 10×）下，抗酸杆菌（包括分枝杆菌）产生黄绿色荧光，呈杆状或分枝状，而其他细菌及背景中的物质呈暗黄色，这种方法可用低倍镜检查，因此能更快速找出抗酸杆菌。

（二）金胺"O"染色法

1）接种环挑取待检样本，涂布于玻片上，玻片经火焰固定后，滴加初染液盖满玻片，避光染色 30min，流水自玻片一端轻缓冲洗，洗去初染液，沥去玻片上剩余的水。

2）自痰膜上端外缘滴加脱色液，布满痰膜，脱色 3min 或至无色，流水自玻片一端轻洗，洗去脱色剂，沥去玻片上剩余的水。

3）滴加复染液复染 2min，沥去复染液，轻轻吸干水分，自然干燥，荧光显微镜下镜检。

4）结果。荧光镜下菌体呈亮黄色，背景黑暗，抗酸杆菌形态特征十分清晰。荧光染色镜检结果分级报告标准如下。

（1）荧光染色抗酸杆菌阴性（一）：0 条/50 视野。

（2）荧光染色抗酸杆菌阳性（报告抗酸菌数）：1～3 条/50 视野。

（3）荧光染色抗酸杆菌阳性（1+）：10～99 条/50 视野。

（4）荧光染色抗酸杆菌阳性（2+）：1～9 条/视野。

（5）荧光染色抗酸杆菌阳性（3+）：10～99 条/视野。

（6）荧光染色抗酸杆菌阳性（4+）：≥100 条/视野。

5）注：

（1）抗酸杆菌的细胞壁内含有大量脂质包围在肽聚糖的外面，所以抗酸杆菌一般不易着色。传统的染色方法要经过加热和延长染色时间来促使其着色。金胺"O"染色法属于荧光染色法，无需加热，相对更安全。

（2）每次使用后盖紧试剂瓶，以防试剂挥发和污染。

（3）金胺"O"染液荧光易衰减，尽量避光操作。

（4）上述试剂均对人体有刺激性，请注意适当防护。

（5）为了安全和健康，需穿实验服并戴一次性手套操作。

十六、抗酸染液

（一）抗酸染液（萋一纳抗酸染液）的配制

1. 初染液（苯酚复红溶液）。

1）成分。碱性品红酒精饱和溶液 10mL、5％苯酚水溶液 90mL。

2）制备。

（1）制备碱性品红酒精饱和溶液，取碱性品红 10g 溶于 100mL 95％酒精溶液中，即为碱性品红酒精饱和溶液。

（2）制备 5％苯酚水溶液，称取 5g 苯酚溶于 90mL 去离子水中，40～50℃水浴加热使之溶解，待溶液冷却至室温时，补充去离子水至 100mL，即为 5％苯酚水溶液。

（3）将碱性品红酒精饱和溶液和5％苯酚水溶液按1∶1混合，即为苯酚复红溶液。

2. 脱色液（3％盐酸酒精溶液）。

1）成分。浓盐酸溶液（36％～38％）3mL、95％酒精溶液97mL。

2）制备。用移液管吸取浓盐酸溶液加入烧杯中，再用量筒量取95％酒精溶液，用玻璃棒搅拌均匀，放入棕色瓶中保存。

3. 复染液（碱性美蓝染液）。

1）成分。美蓝0.3g、95％酒精溶液30mL、氢氧化钾0.01g、去离子水100mL。

2）制备。称取美蓝溶于95％酒精溶液中，即为甲液。称取氢氧化钾溶于去离子水中，即为乙液。用时将甲、乙两液混合使用。

4. 用途：用于分枝杆菌染色。与金胺"O"染色法相比，需要加热，安全性差一些。

5. 注。

（1）碱性品红即碱性复红。

（2）美蓝即亚甲基兰或亚甲蓝。

（3）在美蓝中加入氢氧化钾，其作用是中和美蓝所含酸性物质，陈旧美蓝效果尤佳。

（二）抗酸染色法

1. 染色法一：染卡介苗稀释液。

1）取洁净玻片一张，用玻璃铅笔划两竖线，用吸管吸取少许卡介苗稀释液，滴加初染液，加热5min，注意一直保持液体状态，即在加热过程中需继续滴加初染液，如果玻片太热，要移开冷却后再加热。5min后，用水冲洗，甩干。应注意，初染加热不能使液体沸腾，以避免溅出；也不能烧干，应一边加热一边滴加初染液。避免在玻片局部长时间加热，避免冷却时玻片断裂。

2）滴加脱色液，脱色至无色为止，然后用水冲洗，甩干。

3）加复染液复染1min，然后用水冲洗，甩干。

4）用滤纸吸干玻片上所有水滴，干燥镜检。

5）结果：背景蓝色，细菌红色，微弯的杆菌。即分枝杆菌被染成红色，其他细菌、细胞等被染成蓝色。

2. 染色法二：染有结核分枝杆菌的痰液。

1）涂片。用接种环挑取脓性或呈干酪样部分的痰液，制成20mm×15mm大小的厚膜涂片。自然干燥，火焰固定后进行抗酸染色。

2）染色。将已固定的涂片置于染色架上或用染色夹子夹住，可在已固定的结核分枝杆菌痰标本涂片上放一小块滤纸片，之后滴加数滴初染液，并于玻片下方以弱火加热至出现蒸汽（勿煮沸或煮干），随时补充初染液以防干涸，持续5～8min，冷却，水洗。

3）脱色。加脱色液，直至无红色染液脱下，然后水洗。

4）复染。加复染液复染1min，水洗、印干（印干用的滤纸只能使用一次，以防假阳性结果），用油镜检查并记录结果。

5）结果。抗酸染色法油镜观察，在淡蓝色背景下可见染成红色的细长或略带弯曲

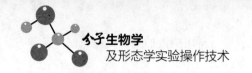

的杆菌，并有分枝生长趋向，此为抗酸染色阳性菌，其他细菌染成蓝色。直接涂片标本中常见菌体单独存在，偶见团聚成堆者。若在痰、脑脊液或胸、腹水中找到抗酸染色阳性菌（简称抗酸菌），其诊断意义较大。镜下（目镜10×，油镜100×）所见结果按下列标准报告：

(1) －：至少300个视野的未发现抗酸菌。

(2) ±：300个视野内发现1～2条抗酸菌（全部涂膜镜检三遍）。

(3) ＋：100个视野内发现1～9条抗酸菌（全部涂膜镜检一遍）。

(4) 2＋：10个视野内发现1～9条抗酸菌。

(5) 3＋：每个视野内发现1～9条抗酸菌。

(6) 4＋：每个视野内发现9条以上抗酸菌。

6) 注：结核分枝杆菌的染色方法是抗酸染色法，培养基是罗氏培养基。

十七、0.2%考马斯亮蓝R250染液

1. 成分：考马斯亮蓝R250 0.2g、甲醇46.5mL、冰醋酸7mL、去离子水46.5mL。

2. 制备：称取考马斯亮蓝R250，量取甲醇、冰醋酸、去离子水，将各组分混匀溶解即可。

3. 用途：用于细胞骨架蛋白的着色。

4. 注：本染液的特点是色泽鲜艳，敏感性高。

十八、钌红染液

1. 成分：钌红5～10mg、去离子水25～50mL。

2. 制备：称取钌红溶于去离子水中，加去离子水至25～50mL，现用现配。

3. 用途：钌红是细胞胞间层专性染料，其配后不易保存，应现用现配。在植物病虫害组织切片染色中，可将宿主植物组织中的菌丝体和孢子染成红色。

4. 注：钌红分子式为$Ru_3O_2Cl_6 \cdot 14(NH_3)$，分子量为786.35，外观为红色晶体，可用作电压敏感的钙离子通道抑制剂。

十九、硫堇染液

1. 配方一。

1) 成分。干液、醋酸钠缓冲液、0.1mol/L盐酸溶液。

2) 制备。

(1) 制备干液：硫堇1g或2g溶于100mL 50%酒精溶液中，溶解后过滤备用。

(2) 制备醋酸钠缓冲液：三水醋酸钠9.7g、巴比妥钠14.7g，溶于500mL去离子水中即可。

(3) 制备0.1mol/L盐酸溶液：浓盐酸溶液（比重1.19）8.25mL、去离子水91.75mL，两者混匀即可。

(4) 干液、醋酸钠缓冲液、0.1mol/L盐酸溶液按40：28：32的比例配成混合液，

调节 pH 至 5.5~5.9，即得硫堇染液。

2. 配方二。

1）成分。硫堇 0.25g、去离子水。

2. 制备。将硫堇溶于去离子水中，加去离子水至 100mL 即可。

3. 用途：主要用来染神经细胞、骨组织、细胞的涂片或印片。

4. 注：配方二制备的硫堇染液在使用时需用微碱性自来水封片或用 1% 碳酸氢钠溶液封片，能产生多色反应。

二十、龙胆紫染液

1. 配方一。

1）成分。龙胆紫 1g、2% 醋酸溶液少量。

2）制备。称取龙胆紫，溶于少量 2% 醋酸溶液中，直到溶液不呈深紫色即可。

3）用途。用作细胞核染色剂。

2. 配方二。

1）成分。龙胆紫 1g、去离子水。

2）制备。称取龙胆紫，用少量去离子水溶解后加去离子水至 100mL，保存在棕色瓶内。

3）用途。用作染色体染色剂。

3. 原理：龙胆紫染液是细胞染色的一种染料，与曙红、甲基蓝染液不同的是，经过龙胆紫染液染色的细胞为紫色，不是红色和蓝色。龙胆紫为一种碱性阳离子染料，因其阳离子能与细菌蛋白质的羧基结合，从而能给活体细胞染色。

4. 注：现常用结晶紫代替。必要时可将医用紫药水稀释 5 倍后代用。

二十一、乳酸酚棉蓝染液

（一）乳酸酚棉蓝染液的配制

1. 成分：石炭酸（苯酚）20g、乳酸（比重 1.21）20mL、甘油 40mL、棉蓝（苯胺蓝）0.05g、去离子水 20mL。

2. 制备：将石炭酸、乳酸、甘油、去离子水四种成分混合，稍加热溶解，然后加入棉蓝，混匀，滤纸过滤。

3. 用途：霉菌菌丝较粗大，细胞易收缩变形，且孢子容易飞散，制标本时常用乳酸酚棉蓝染液染色。

4. 注：

1）经此染液染色制成的霉菌标本的特点是细胞不变形，具有杀菌防腐作用，且不易干燥，能保持较长时间。溶液本身呈蓝色，有一定染色效果。

2）利用培养在玻璃纸上的霉菌作为观察材料，可以得到清晰、完整、保持自然状态的霉菌形态，也可以直接挑取生长在平板中的霉菌菌体制成水浸片观察。

（二）乳酸酚棉蓝染色法

1）于洁净载玻片上滴 1~2 滴乳酸酚棉蓝染液，用解剖针在霉菌菌落的边缘外取少

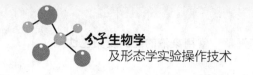

量带有孢子的菌丝置于染液中，细心地将菌丝挑散，然后小心地盖上盖玻片（加热或不加热），注意不要产生气泡。

2）置显微镜下先用低倍镜观察，必要时再换高倍镜。

3）结果：酵母菌菌体、菌丝体和产孢结构等皆可被染成亮蓝色，背景为暗淡的蓝色。

二十二、瑞氏染液

（一）瑞氏染液的配制

1. Ⅰ液。

1）成分。瑞氏染料 1g、甲醇 600mL、中性甘油 30mL。

2）制备。称取瑞氏染料，放入清洁干燥的乳钵中，先加少量甲醇慢慢地研磨（至少 30min），以使染料充分溶解，再加一些甲醇混匀。将溶解的部分倒入洁净的棕色瓶内，对于乳钵内剩余的未溶解染料，再加入少许甲醇细研，如此多次研磨，直至染料全部溶解、甲醇用完，最后再加中性甘油密闭保存。

2. Ⅱ液。

1）成分。PBS（pH6.4~6.8）适量、磷酸二氢钾（KH_2PO_4）0.3g、磷酸氢二钠（Na_2HPO_4）0.2g、去离子水。

2）制备。称取磷酸二氢钾和磷酸氢二钠溶于去离子水中，加去离子水至 1000mL，配好后用 PBS 调节 pH，塞紧瓶口贮存。如无 PBS 可用新鲜去离子水代替。

3. 用途：瑞氏染液主要用于血细胞染色，还能染细菌和疟原虫。

4. 原理：瑞氏染料是由碱性染料美蓝和酸性染料伊红组成的复合染料，溶于甲醇后解离为带正电的美蓝离子和带负电的伊红离子。伊红通常为钠盐，有色部分为阴离子。美蓝通常为氯盐，有色部分为阳离子。甲醇的作用：一是使染料解离为带正电的美蓝离子和带负电的伊红离子，然后两者可以选择性地吸附于细胞内的不同成分而使细胞着色；二是固定细胞形态，加速染色反应，增强染色效果。

5. 注。

1）甲醇必须用 AR 级（无丙酮）或更高纯度。

2）瑞氏染液中可加中性甘油 3mL（配制 60mL 时加的中性甘油量），防止甲醇挥发，使细胞染色更清晰。

3）新鲜配制的瑞氏染液偏碱，染色效果较差，在室温下贮存一定时间，美蓝逐渐转变为天青Ⅱ后方可使用，这一过程称染料成熟。放置时间越久，天青Ⅱ越多，染色效果越好，但瓶口必须盖严，以免甲醇挥发或氧化成甲酸。一般存于室温暗处，贮存越久，则染料溶解、分解就越好，一般贮存 3 个月以上为佳。

4）瑞氏染液染胞浆效果好。

（二）瑞氏染色法

1. 按常规方法制片，自然干燥。用玻璃铅笔在两端划线，以防染色时染液外溢。

2. 将玻片平置于染色架上，甲醇固定 2min（亦可省略），滴加Ⅰ液3~5滴，使其迅速盖满玻片。

3. 染色 0.5~1.0min 后，滴加与Ⅰ液等量或稍多于Ⅰ液的Ⅱ液或新配制的去离子水，轻轻摇动玻片使Ⅰ液和Ⅱ液（或新配制的去离子水）充分混匀或用洗耳球吹动混匀。

4. 染色 5~10min 后用流水从玻片一端轻轻冲洗，待干。

5. 结果：红细胞呈粉红色，嗜酸性颗粒细胞的颗粒呈红色，嗜碱性粒细胞和其他白细胞呈蓝紫色，淋巴细胞的细胞核呈蓝紫色、胞浆呈淡蓝色。本法也可用于立克次体、螺旋体染色，它们可被染成紫红色。

6. 注：如染色结果呈蓝紫色，可用 20% 甲醇盐酸溶液脱色。20% 甲醇盐酸溶液：甲醇 20mL、去离子水 80mL，混合后加 2mol/L 盐酸溶液 2 滴即成。

二十三、瑞氏-吉姆萨复合染液

（一）瑞氏-吉姆萨复合染液的配制

1. 配方一。

1）Ⅰ液。

（1）成分：瑞氏染料 1g、吉姆萨染料 0.3g、甲醇 500mL、中性甘油 10mL。

（2）制备：将瑞氏染料和吉姆萨染料置洁净研钵中，加少量甲醇，研磨片刻，再吸出混合液。如此连续几次，共用甲醇 500mL。收集于棕色瓶中，每天早、晚各振摇 3min，共 5d，存放 1 周即能使用。

2）Ⅱ液。

（1）成分：PBS（pH6.4~6.8）适量、磷酸二氢钾（KH_2PO_4）6.64g、磷酸氢二钠（Na_2HPO_4）2.56g、去离子水。

（2）制备：称取磷酸二氢钾、磷酸氢二钠，加少量去离子水溶解，用 PBS 调节 pH，加去离子水至 1000mL。

2. 配方二。

1）成分。瑞氏染液 5mL、吉姆萨染液 1mL、去离子水（或 PBS）6mL。

2）制备。将瑞氏染液、吉姆萨染液和去离子水（或 PBS）三者混匀即成，若有沉淀出现，则需重新配制。

3. 用途：经常用于血液和细胞涂片、骨髓细胞涂片、细菌染色。细胞质呈红色，细胞核及细菌呈蓝色，嗜酸性颗粒呈橘红色。

4. 注：

1）瑞氏染料是由酸性染料伊红和碱性染料美蓝组成的复合染料，对细胞质有很好的区别作用。吉姆萨染料由天青Ⅱ与伊红混合而成，染色原理和结果与瑞氏染料基本相同。

2）瑞氏染料对胞浆着色力较强，能较好地显示胞浆的嗜碱程度，特别对血液和骨髓细胞中的嗜天青、嗜酸性、嗜碱性颗粒，着色清晰，但是对细胞核着色偏深，核结构显色不佳，故吉姆萨染料常与瑞氏染料联合使用。

3）该染液中加中性甘油，防止甲醇挥发或氧化，同时也可使血细胞染色较清晰。

4）该染液的特点：瑞氏染液和吉姆萨染液可等量混合使用或分别处理标本使用。

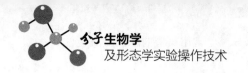

（二）瑞氏-吉姆萨复合染色法

1. 按常规方法制片，自然干燥。用玻璃铅笔在两端划线，以防染色时染液外溢。

2. 将玻片平置于染色架上，甲醇固定 2min（亦可省略），滴加配方一的Ⅰ液 3～5 滴，使其迅速盖满玻片。

3. 染色 0.5～1.0min 后，滴加与Ⅰ液等量或稍多于Ⅰ液的Ⅱ液，轻轻摇动玻片使配方一的Ⅰ液和Ⅱ液充分混匀或用洗耳球吹动混匀，室温静置。

4. 染色 3～10min 后用流水从玻片一端轻轻冲洗，待干。

5. 将干燥后的玻片置显微镜下，先用低倍镜观察，再用油镜。

6. 结果：用低倍镜观察血涂片体、尾交界处的血细胞。在显微镜下，成熟红细胞染呈粉红色；血小板染呈紫色；中性粒细胞胞质呈粉红色，含紫红色颗粒；嗜酸性粒细胞含粗大的橘红色颗粒；嗜碱性粒细胞胞质含深紫黑色颗粒；淋巴细胞的细胞核呈蓝紫色，细胞质呈淡蓝色；单核细胞胞质呈灰蓝色。

7. 注。

1）血液涂片或骨髓细胞涂片应厚薄均匀，以免影响染色效果。

2）涂片染色中，请勿先去除染液或直接对涂片用力冲洗。不能先倒掉染液，以免染料沉着于涂片上。

3）染液可重复使用，但不能多次重复，若有沉淀物则应过滤后使用。

4）染色过深可用甲醇或乙醇适当脱色液，最好不复染。

5）如果染色过深或过浅，就应调整染色时间或染液浓度。

6）穿实验服并戴一次性手套操作。

二十四、苏丹Ⅲ（或Ⅳ）染液

1. 成分：苏丹Ⅲ（或Ⅳ）0.1g、丙酮 50mL、70%酒精溶液 50mL。

2. 制备：称取苏丹Ⅲ（或Ⅳ）溶于丙酮中，再加入 70%酒精溶液即可。

3. 用途：用于脂肪的鉴定。

4. 注：

1）苏丹Ⅲ。也称黄光油溶红，分子式为 $C_{22}H_{16}N_4O$，适用于生物脂肪材料的鉴定，可以将脂肪染成橘黄色，是弱酸性染料，呈红色粉末状，易溶于脂肪和酒精（溶解度为 0.15%）。

2）苏丹Ⅳ。也称苏丹 4、四号苏丹红、猩红，1-［4-（邻甲苯偶氮）邻甲苯偶氮］-2-萘酚，分子式为 $C_{24}H_{20}N_4O$，分子量为 380.44，苏丹Ⅳ可以将脂肪染成红色。

二十五、苏木精染液

苏木精的配方很多，常用的有以下 3 种。

1. 配方一：代氏苏木精。

1）成分。苏木精 1g、无水乙醇 6mL、硫酸铝铵（铵矾）10g、去离子水、甘油 25mL、甲醇 25mL。

2）制备。

（1）制备甲液：称取苏木精溶于无水乙醇中。

（2）制备乙液：称取硫酸铝铵（铵矾）溶于去离子水中，加去离子水至 100mL。

（3）制备丙液：甘油与甲醇混合。

（4）将甲液逐滴加入乙液中，充分搅拌，放入广口瓶中，用纱布封口，置于温暖和光线充足处 7~10d，再加入丙液，混匀后静置 1~2 个月，至颜色变为深紫色，过滤备用，可长期保存。

2. 配方二：爱氏苏木精。

1）成分。苏木精 1g、无水乙醇或 95％酒精溶液 50mL、去离子水 50mL、甘油 50mL、冰醋酸 5mL、硫酸铝钾（钾矾）3~5g。

2）制备。

（1）配制时，先将苏木精溶于无水乙醇或 95％酒精溶液中，然后依次加入去离子水、甘油和冰醋酸，最后加入研细的硫酸铝钾（钾矾），边加边搅拌，直到瓶底出现钾矾结晶。

（2）混合后溶液颜色呈淡红色，放入广口瓶中，用纱布封口，自然氧化 1~2 个月，至颜色变为深红色时即可过滤备用，可长期保存。

3. 用途：苏木精染液是细胞核的优良染色剂，除能染细胞核外，还可用来染纤维素和动植物组织。

4. 注：苏木精本身无染色能力，必须在媒染剂（硫酸铝铵、硫酸铝钾）等的作用下氧化成为苏木红才具有染色作用，用于细胞核染色，是一种很好的细胞核染料。

二十六、苏木精-曙红（H-E）染液

苏木精染液的配方同上，曙红染液有以下配制方法：

1. 配方一。

1）成分。曙红 0.5g、95％酒精溶液。

2）制备。称取曙红溶于 95％酒精溶液中，加 95％酒精溶液至 100mL。

2. 配方二。

1）成分。曙红 0.5g、去离子水。

2）制备。称取曙红溶于去离子水中，加去离子水至 100mL。

3. 配方三。

1）成分。曙红 0.5g、95％酒精溶液 25mL、去离子水 75mL。

2）制备。称取曙红溶于 95％酒精溶液和去离子水的混合液中。

4. 用途：用于对动物组织进行对比染色，该染液适用于各种细胞病理学染色。

5. 原理：该染液染色的原理尚无定论，处于学说阶段，可能既有化学反应，又有物理作用。从化学反应看，组织细胞内含有酸性物质和碱性物质，酸性物质与碱性染料的阳离子结合，碱性物质与酸性染料的阴离子结合，使其中酸性的细胞核被碱性染料苏木精染成蓝色，而碱性的胞浆被酸性染料曙红染成红色。从物理作用看，主要有吸附、吸收等作用。

6. 注：

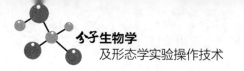

1）H−E是苏木精和曙红的英文首个字母缩写。

2）苏木精对组织亲和力很小，不能单独使用，需配以氧化剂，如碘酸钠、高锰酸钾等使其脱氢成为苏木红，或令其在空气中自然氧化，并加入带强正电荷的复盐，配成混合液使用。

3）曙红一般配成0.5%～1.0%的水溶液或酒精溶液使用。

4）曙红，别名伊红，酸性染料，为优良的动物细胞染料，与苏木精配合使用对动物组织进行对比染色。

二十七、台盼蓝染液

1. 成分：台盼蓝2g、去离子水200mL、氯化钠1.7g。

2. 制备：临用前现配。取2%台盼蓝水溶液（称取台盼蓝2g放入研钵中，边研磨边加100mL去离子水溶解）和1.7%氯化钠溶液（称取氯化钠1.7g，溶于100mL去离子水中）等量混合，离心沉淀10min，取上清液供染色用。注意，混合后的染液存放过久易发生沉淀。

3. 用途：借助台盼蓝染色法可以非常简便、快速地区分活细胞和死细胞。台盼蓝染色法是组织和细胞培养中常用的死细胞鉴定染色方法之一。

4. 注。

（1）原理：正常的活细胞细胞膜结构完整，能够排斥台盼蓝，使之不能够进入胞内，而丧失活性或细胞膜不完整的细胞，细胞膜的通透性增加，均可被台盼蓝染液染成蓝色。通常细胞膜完整性丧失即认为细胞已经死亡，这与中性红染色法的作用相反。因此，借助台盼蓝染色法可以非常简便、快速地区分活细胞和死细胞。注意凋亡小体也有台盼蓝拒染现象。

（2）台盼蓝染液染色后，通过显微镜下直接计数或显微镜下拍照后计数，就可以对细胞存活率进行比较精确的计量。

（3）台盼蓝染液染色只需3～5min即可完成，并且操作非常简单。

二十八、铁醋酸洋红染液

1. 成分：洋红1g、45%醋酸溶液100mL、铁离子适量。

2. 制备：

（1）先将45%醋酸溶液置于200mL的锥形瓶中煮沸，移去火苗，然后慢慢地分多次加入洋红（切记不可一次倒入）。

（2）待全部加入后，再煮沸1～2min，并悬入一生锈的小铁钉于溶液中，1min后取出，以增加染色性能。

（3）静置12h后过滤于棕色瓶中备用（置于避光处）。

3. 用途：在煮沸的45%醋酸溶液中加入洋红使之饱和，再加入微量的铁离子，使醋酸在固定的同时，洋红将细胞核或染色体染成红色。

二十九、席夫试剂

1. 成分：碱性品红 0.5g、去离子水 100mL、1mol/L 盐酸溶液 10mL、偏亚硫酸钾或偏亚硫酸钠 1g。

2. 制备：

（1）将碱性品红溶入煮沸的去离子水中，搅拌，使其充分溶解。

（2）冷却至 50℃ 左右时，过滤于棕色细口瓶中，加入 1mol/L 盐酸溶液。

（3）冷却至 25℃ 左右时，加入偏亚硫酸钾或偏亚硫酸钠，振荡使其溶解，密封瓶口，置于黑暗低温处过夜。

（4）次日检查，若溶液透明无色或呈淡茶色，即可使用。若颜色较深，则可加入少量优质活性炭（0.5~2.0g）振荡 1min，置于 4℃ 冰箱中过夜，过滤使用。

3. 用途：用于糖类、黏液、弹力纤维及抗酸杆菌等的染色。

4. 注：

（1）席夫试剂又称品红亚硫酸试剂。品红是一种红色染料，将二氧化硫通入品红水溶液中，品红的红色褪去，得到的无色溶液称为品红亚硫酸试剂。它能与醛作用显紫色，与酮作用不显色。这一显色反应非常灵敏，可用于鉴别醛类化合物。使用这种方法时，溶液中不能存在碱性物质或氧化剂，也不能加热，否则会消耗亚硫酸，使溶液恢复品红的红色，出现假阳性反应。

（2）此试剂配好后，应塞紧瓶塞，外包黑纸，保存于 4℃ 冰箱中。用前预先取出，使之恢复至室温后再用。如溶液呈粉红色就不能用，须重配，一般配完 2d 之内使用。

三十、新型隐球菌荚膜染液

（一）新型隐球菌荚膜染液的配制

1. 成分：印度墨汁或 2% 刚果红水溶液。

2. 制备 2% 刚果红水溶液：称刚果红 2g 溶于去离子水中，加去离子水至 100mL。

3. 用途：用于染新型隐球菌。

（二）新型隐球菌荚膜染色法（负染色）

取生理盐水 1 滴置洁净的载玻片上，再加一接种环的新型隐球菌培养物，滴加染液 1 滴混合并加盖玻片，镜检（及时镜检，勿干）。

可见到透明荚膜包裹着新型隐球菌菌体，菌体常有出芽，但不生成假菌丝。

三十一、新亚甲蓝 N 染液

1. 成分：新亚甲蓝 N 0.5g、草酸钾 1.4g、氯化钠 0.8g、去离子水。

2. 制备：称取新亚甲蓝 N、草酸钾、氯化钠溶于去离子水中，混匀，加去离子水至 100mL，过滤后贮存于棕色瓶中备用。

3. 用途：用于染网织红细胞。

4. 原理：网织红细胞胞质内残存少量核蛋白体和核糖核酸（RNA）等嗜碱性物质，

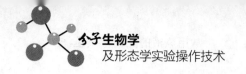

经该染液活体染色后呈蓝色网织状或点粒状，可与完全成熟的红细胞区别。

5. 注：染液的质量直接影响网织红细胞计数的准确性。虽然该染液对网织红细胞染色力强且稳定，但也应定期配制，以免变质沉淀。

三十二、芽胞染液

（一）芽胞染液的配制

1. 配方一。

1）成分。苯酚复红染液、95%酒精溶液、碱性亚甲蓝染液。

2）制备。

（1）制备苯酚复红染液：称取碱性品红 10g 溶于 95%酒精溶液中，加 95%酒精溶液至 100mL，再取此液 10mL 与 5%苯酚水溶液 90mL 混匀即成。

（2）制备碱性亚甲蓝染液：称取亚甲蓝 2g 溶于 95%酒精溶液中，加 95%酒精溶液至 100mL，即成亚甲蓝酒精饱和溶液。取此液 30mL 与 0.1g/L 氢氧化钾溶液（0.1g 氢氧化钾溶于 1000mL 去离子水中）100mL 混匀即成。

2. 配方二：5%孔雀绿水溶液。

1）成分。孔雀绿 5g、90%酒精溶液少量、去离子水。

2）制备。先将孔雀绿放乳钵内研磨，加少量 95%酒精溶液溶解，再加去离子水至 100mL。

3. 用途：用于细菌芽胞染色。

4. 原理：芽胞具有较高的折光性，外膜致密，渗透性低，着色和脱色均较困难。在加热条件下进行染色时，染料不仅可以进入菌体，也可进入芽胞，进入菌体的染料可被酒精脱色，而芽胞上的染料仍保留，经复染液复染后，菌体和芽胞呈现不同的颜色。

5. 注。

（1）碱性品红即碱性复红。

（2）亚甲蓝即亚甲基蓝或美蓝。

（3）在亚甲蓝酒精饱和溶液中加入 0.1g/L 氢氧化钾溶液的作用是中和亚甲蓝酒精饱和溶液所含酸性物质，陈旧染液效果尤佳。

（二）芽胞染色法（用配方一）

1）以枯草芽胞杆菌为例，用枯草芽胞杆菌涂片（厚度要适当），干燥，通过火焰加热固定。

2）在已固定的涂片上滴加苯酚复红染液，在酒精灯上加热，使染液冒蒸汽但不沸腾。必要时可续加苯酚复红染液以免干涸，维持 4~5min，冷却后水洗。

3）用 95%酒精溶液脱色约 2min，直至无红色染液脱出，水洗。

4）加碱性亚甲蓝染液复染 1min，水洗至无染液脱出，待干后镜检。

5）结果。菌体呈蓝色，芽胞呈红色。

6）注。

（1）供芽胞染色用的细菌应控制菌龄，要求大部分芽胞仍保留在菌体内。

（2）加热染色时必须使染液维持冒蒸汽的状态，加热沸腾会导致菌体或芽胞囊破裂，若加热不够，则芽胞难以着色。

（3）穿实验服并戴一次性手套操作。

三十三、亚甲基蓝染液（亚甲蓝染液）

（一）亚甲基蓝染液的配制

1. 成分：亚甲基蓝 0.2g、去离子水。

2. 制备：称取亚甲基蓝溶于去离子水中，加去离子水至 100mL。

3. 用途：用于酵母染色。许多酸性染料不易穿过活细胞的质膜，却能渗入死亡的细胞内，亚甲基蓝能够进入死亡的酵母细胞，使其着色，从而能够鉴别死细胞和活细胞。

4. 原理：亚甲蓝是碱性染料，蓝色粉末状，它的氧化型呈蓝色，还原型呈无色。用亚甲基蓝对酵母进行染色时，活细胞的新陈代谢作用，可将氧化型亚甲基蓝还原为还原型亚甲基蓝。在视野中看见的酵母菌有的呈蓝色、有的呈无色，蓝色的为死细胞，无色的为活细胞。

（二）亚甲基蓝染色法

制作酵母临时装片，用无菌环在酵母斜面培养基上取少量酵母于洁净载玻片上，滴 1 滴亚甲基蓝染液，加盖玻片，2min 后于显微镜下观察。

三十四、詹纳斯绿 B 染液

1. 配方一（1%詹纳斯绿 B 水溶液）。

1）成分。詹纳斯绿 B 1g、去离子水。

2）制备。称取詹纳斯绿 B 溶于去离子水中，稍加热（30~45℃）使之快速溶解，用滤纸过滤，加去离子水至 100mL，装入棕色瓶备用。为了保持其充分的氧化能力，最好临用前现配。

2. 配方二（中性红－詹纳斯绿染液）。

1）成分。

（1）A 液：1%詹纳斯绿水溶液 6 滴、无水乙醇 10mL、1:15000 中性红水溶液 2mL。

（2）B 液：1%中性红水溶液 40~60 滴、无水乙醇 10mL。

2）制备。

（1）1%詹纳斯绿水溶液制备见配方一。

（2）制备 1:15000 中性红水溶液：称取中性红 5mg 溶于 75mL 去离子水中。

（3）制备 1%中性红水溶液：称取中性红 0.5g 溶于 50mL 去离子水中。

（4）制备中性红－詹纳斯绿染液：

①A 液。将 1%詹纳斯绿水溶液加入无水乙醇中，然后加入 1:15000 中性红水溶液，并用黑纸包好保存于 4℃冰箱中。

②B液。在无水乙醇中加入 1‰中性红水溶液。

③将 A 液和 B 液混合在一起，即成中性红－詹纳斯绿染液，此液临用前配制。

3. 用途：用于动植物活细胞内线粒体的染色。

4. 原理：詹纳斯绿 B 是一种毒性较小的碱性染料。它可以对活细胞进行直接染色，在细胞质内可以看到被染成蓝绿色的线状或颗粒小体的线粒体。线粒体之所以能显示蓝绿色，是因为线粒体中具有细胞色素氧化酶系统，当用配方一进行染色时，细胞色素氧化酶能与詹纳斯绿 B 发生氧化反应，使詹纳斯 B 处于氧化状态而呈蓝绿色，而在周围的细胞质中的染料被还原成无色。若用配方二染色，则可使线粒体显示得更为清楚。

三十五、中性红染液

1. 成分：中性红 0.1g、去离子水。

2. 制备：称取中性红溶于去离子水中，加去离子水至 100mL，用时稀释 10 倍。

3. 用途：中性红染液是一种组织或细胞染色时常用的可以把活细胞细胞核染成红色的染色液。本染液可以用于外周血细胞的活体染色，也可以用于其他活细胞或组织的染色。本染液经过滤除菌，可以直接用于活细胞的染色。本染液同时也是一种 pH 指示剂，在酸性时呈红色，在 pH6.8～8.0 时呈黄色。细胞核中的核酸呈酸性，因此细胞核会被染成红色。由于溶酶体也呈酸性，因此溶酶体也可以被本染液染成红色。

三十六、L－型细菌染液

（一）L－型细菌染液的配制

1. 成分：亚甲蓝 2.5g、天青Ⅱ1.25g、麦芽糖 10g、苯甲酸 0.25g、碳酸钠 0.25g、去离子水。

2. 制备：称取上述成分溶于去离子水中，溶解后过滤，加去离子水至 100mL，该染液长期稳定。

3. 用途：用于 L－型细菌染色。

4. 注：

1）L－型细菌形成的菌落呈明显的多形性。

2）L－型细菌染色时不易着色，染色性常发生变化。革兰染色大多呈阴性，菌落被染成红色，且着色不均匀。由于细胞壁缺陷程度不一，在同一视野中可出现阳性、阴性混杂现象，或菌体内出现革兰阳性浓染颗粒。

3）L－型细菌生长缓慢，营养要求高，对渗透压敏感，普通培养基上不能生长，培养时必须用高渗的含血清培养基。L－型细菌在含血清的高渗低琼脂培养基中能缓慢生长，可形成三种类型的菌落：

（1）油煎蛋样（典型 L－型细菌形成的菌落）。菌落较小，中心致密并深陷琼脂中。四周较薄，由透明的颗粒组成，在低倍镜下观察菌落呈油煎蛋样（与支原体的菌落相似）。

（2）颗粒型（G－型细菌形成的菌落）。整个菌落由透明的颗粒组成，无致密的中心。

（3）丝状（F－型细菌形成的菌落）。菌落中心如典型 L－型细菌形成的菌落，但周边呈丝状。

（二）L－型细菌染色法（Diene 染色法）

1. 用棉签在盖玻片上涂一层染液，干燥。

2. 低倍镜下选择油煎蛋样菌落，将菌落连琼脂切下（勿损伤菌落），菌落向上置于载玻片上。

3. 将盖玻片轻轻覆盖于菌落上染色，两边用竹签支撑盖玻片，保持水平并用蜡封住四周。

4. 15～30min 后镜检，可见菌落中心呈深蓝色、周边为淡蓝色。

三十七、生物学碱性染料和酸性染料说明

1. 生物学染料的分类方法。

1）根据来源可分为天然染料和人工合成染料。

2）根据染色对象可分为细胞核染料、胞浆染料和脂肪染料。

3）根据染料的化学性质可分为碱性染料、酸性染料和中性染料。生物学染料中的碱性染料和酸性染料并不是根据 pH 来划分的。碱性染料和酸性染料的划分依据在于染料分子电离后的主要有色成分是阳离子还是阴离子。

（1）碱性染料：若染料分子电离后有色成分为阳离子，则为碱性染料。

（2）酸性染料：若染料分子电离后有色成分为阴离子，则为酸性染料。

（3）中性染料：由碱性染料和酸性染料混合后配制，也称复合染料。

2. 碱性染料及染色原理：一般能溶于水及酒精。通常能电离出 OH^-、Cl^- 等无色的阴离子和有色的阳离子，如龙胆紫、亚甲基蓝等。碱性染料的阳离子为有色离子，它可以与细胞中的带负电荷部分牢固结合。例如，细胞核中的染色质（体）内含有脱氧核糖核酸，属酸性物质，可电离出 H^+，而使自身带负电荷，所以它能和碱性染料（如龙胆紫或亚甲基蓝）中的有色阳离子牢固结合，从而被染上颜色。

3. 酸性染料及染色原理：一般能溶于水及酒精。通常能电离出 Na^+ 或 H^+、K^+ 等一些无色的阳离子和有色的阴离子，如伊红、苦味酸等。酸性染料的阴离子为有色离子，它可以与细胞中带正电荷的部分牢固结合。细胞质中某些物质常带正电荷，所以可与酸性染料中的有色阴离子牢固结合，从而被染上颜色。

染色作用有时还受溶液的 pH 影响。细胞的主要成分是蛋白质，它含有氨基和羧基，在酸性溶液中，当溶液的 pH 小于该蛋白质的等电点时，则蛋白质带正电荷，易被酸性染料染色。在碱性溶液中，当溶液的 pH 大于该蛋白质的等电点时，则蛋白质带负电荷，易被碱性染料染色。

（白大章）

第六章
常用试剂、指示剂、缓冲液的配制

一、培养基制备及其他用途中的常用指示剂

（一）1.6％溴甲酚紫酒精溶液

1. 成分：溴甲酚紫 1.6g、95％酒精溶液。
2. 制备：称取溴甲酚紫置于研钵中，加入少许 95％酒精溶液，研磨使其完全溶解，然后用 95％酒精溶液洗入量筒，加至 100mL，盛入棕色严密玻璃瓶中备用。

（二）0.5％溴麝香草酚蓝酒精溶液

1. 成分：溴麝香草酚蓝 0.5g、95％酒精溶液。
2. 制备：称取溴麝香草酚蓝置于研钵中，加入少许 95％酒精溶液，研磨使其完全溶解，然后用 95％酒精溶液洗入量筒，加至 100mL，盛入棕色严密玻璃瓶中备用。

（三）1％中性红溶液

1. 成分：中性红 1g、95％酒精溶液、去离子水。
2. 制备：称取中性红置于研钵中，加入少许 95％酒精溶液，研磨使其完全溶解，然后用 95％酒精溶液洗入量筒，加至 70mL，最后加去离子水至 100mL，盛入棕色严密玻璃瓶中备用。

（四）0.5％酚红水溶液

1. 成分：酚红 0.5g、0.1mol/L 氢氧化钠溶液、去离子水。
2. 制备：称取酚红置于研钵中，边磨边加入 0.1mol/L 氢氧化钠溶液，使其完全溶解，加 0.1mol/L 氢氧化钠溶液至 12mL，将已溶解的溶液倒入量筒中，用去离子水洗研钵数次，均收集于容量瓶中，最后加去离子水至 100mL，充分混匀，121.3℃（103.43kPa）灭菌 15min 后分装，4℃冰箱保存，可用 1 个月。

（五）0.02％酚红水溶液

1. 成分：酚红 0.1g、95％酒精溶液、去离子水。
2. 制备：称取酚红 0.1g 置于研钵中，加入少许 95％酒精溶液，研磨使其完全溶解，然后用 95％酒精溶液洗入量筒，加 95％酒精溶液至 300mL，最后加去离子水至 500mL，盛入棕色严密玻璃瓶中备用。

（六）0.5％美蓝水溶液

1. 成分：美蓝 0.5g、去离子水。

2. 制备：称取美蓝溶于去离子水中，加去离子水至 100mL。

（七）2％伊红（eosin）水溶液

1. 成分：伊红 2g、去离子水。

2. 制备：称取伊红溶于去离子水中，加去离子水至 100mL。

（八）1％孔雀绿水溶液

1. 成分：孔雀绿 1g、去离子水。

2. 制备：称取孔雀绿溶于去离子水中，加去离子水至 100mL。

（九）0.02％伊文思蓝溶液

1. 成分：伊文思蓝 0.2g、0.01mol/L PBS。

2. 制备：称取伊文思蓝溶于 0.01mol/L PBS 中，加 PBS 至 100mL，放室温保存，使用时用 PBS 进行 10 倍稀释，作为荧光抗体稀释液。

（十）1％蔷薇色酸酒精溶液

1. 成分：蔷薇色酸 1g、95％酒精溶液。

2. 制备：称取蔷薇色酸置于研钵中，加少许 95％酒精溶液，研磨使其完全溶解，然后用 95％酒精溶液洗入量筒中，加 95％酒精溶液至 100mL，盛入棕色严密玻璃瓶中备用。

（十一）0.2％甲基红水溶液

1. 成分：甲基红 1g、95％酒精溶液、去离子水。

2. 制备：称取甲基红置于研钵中，加入少许 95％酒精溶液，研磨使其完全溶解，然后用 95％酒精溶液洗入量筒中，加 95％酒精溶液至 300mL，最后加去离子水至 500mL，混匀，盛入棕色严密玻璃瓶中备用。

（十二）1％中国蓝水溶液

1. 成分：中国蓝 1g、去离子水。

2. 制备：称取中国蓝溶于去离子水中，加去离子水至 100mL，煮沸使其完全溶解，置于室温过夜，次日用滤纸过滤，115.6℃（68.95kPa）灭菌 15min，4℃冰箱保存备用（制作培养基时灭菌，否则需灭菌）。

（十三）0.1％煌绿水溶液

1. 成分：煌绿 0.1g、去离子水。

2. 制备：称取煌绿溶于去离子水中，加去离子水至 100mL，煮沸使其完全溶解，置于室温过夜，次日滤纸过滤，盛入棕色严密玻璃瓶中备用。

（十四）10％碱性复红酒精溶液

1. 成分：碱性复红 10g、95％酒精溶液适量。

2. 制备：称取碱性复红溶于 95％酒精溶液中，摇动使其完全溶解，加 95％酒精溶

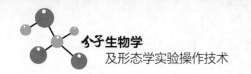

液至 100mL，盛入棕色严密玻璃瓶中备用。此液已达饱和，可能有染料析出，用时仔细吸取上清液。

（十五）1‰酸性复红水溶液

1. 成分：酸性复红 1g、去离子水。

2. 制备：称取酸性复红溶于去离子水中，加去离子水至 100mL，121.3℃（103.43kPa）灭菌 15min 后备用。

（十六）石蕊酒精溶液

1. 成分：石蕊 8g、40%酒精溶液。

2. 制备：称取石蕊，将石蕊研碎，先加 40%酒精溶液 15mL 煮沸 1min，再加入 15mL 煮沸 1min，最后补足在煮沸过程中蒸发的酒精量。

（十七）厌氧亚甲蓝指示剂

1. 成分：100g/L 的葡萄糖溶液、40g/L 的氢氧化钠溶液、亚甲蓝水溶液。

2. 制备：将 100g/L 的葡萄糖溶液、40g/L 的氢氧化钠溶液和亚甲蓝水溶液（0.1g 亚甲蓝溶于 60mL 去离子水制得）按 40∶1∶1 的比例混合，放入小试管或浸于脱脂棉中，放入罐内即可。无氧时该指示剂为白色，有氧时为蓝色。

3. 用途：用作厌氧罐中厌氧度监测的指示剂。

4. 注。

（1）原理：亚甲蓝在氧化态时呈蓝色，而在还原态时呈无色。

（2）本指示剂不是培养基制备中的常用指示剂，而是其他用途指示剂。

（十八）常用指示剂的变色范围和 pH 范围（表 6-1）

表 6-1　常用指示剂的变色范围和 pH 范围

指示剂名称	颜色改变（酸→碱）	pH 范围
溴麝香草酚蓝	黄→绿→蓝	6.0～7.8
溴酚蓝	黄→蓝	3.0～4.6
甲基红	红→黄	4.4～6.0
溴甲酚紫	黄→紫	5.2～6.8
中性红	红→黄	6.8～8.0
酚红	黄→红	6.8～8.4
中国蓝	蓝→红	6.0～8.0
石蕊	红→蓝	4.5～8.3
蔷薇色酸	黄→红	6.8～8.2

（十九）常用指示剂的配制及其 pH 感应范围

先称取指示剂 0.1g，置于研钵中磨细，滴加适量 0.1mol/L 氢氧化钠溶液使其溶解，再以去离子水加至规定浓度即可，见表 6-2。

表 6-2 常用指示剂的配制及其 pH 感应范围

指示剂名称	颜色改变（酸→碱）	pH 范围	0.1g 指示剂所需 0.1mol/L 氢氧化钠溶液体积（mL）	去离子水体积（mL）	浓度（%）	10mL 培养基需要量（mL）
溴甲酚紫	黄→紫	5.2～6.8	1.85	250	0.04	0.50
溴麝香草酚蓝	黄→绿→蓝	6.0～7.8	1.60	250	0.04	0.50
甲基红	红→黄	4.4～6.0	—	500	0.02	0.20
酚红	黄→红	6.8～8.4	2.82	500	0.02	0.50

二、细菌生化反应中的常用试剂

（一）V-P（Voges-Proskauer）试验试剂

1. 成分：

（1）甲液：α-萘酚（即甲-萘酚）6g、95%酒精溶液。

（2）乙液（40%氢氧化钾溶液）：氢氧化钾 40g、去离子水。

2. 制备。

（1）制备甲液：称取 α-萘酚，溶于 95%酒精溶液中，可以用磁力搅拌器加速溶解，加 95%酒精溶液至 100mL。

（2）制备乙液：称取氢氧化钾，溶于去离子水中，可以用磁力搅拌器加速溶解，加去离子水至 100mL。注意氢氧化钾是强碱，小心操作。

（二）吲哚试验（靛基质试验）试剂

1. 成分：对二甲氨基苯甲醛 10g、95%酒精溶液、浓盐酸溶液 50mL。

2. 制备：称取对二甲氨基苯甲醛，溶于 95%酒精溶液中，加 95%酒精溶液至 150mL，再缓慢加入浓盐酸溶液，混合摇匀即可。瓶口要严密，以免挥发（用正丁醇或戊醇代替 95%酒精溶液更好）。

（三）甲基红试剂

1. 成分：甲基红 0.04g、95%酒精溶液、去离子水 40mL。

2. 制备：称取甲基红，溶于 95%酒精溶液中，加 95%酒精溶液至 60mL，完全溶解后加入去离子水即可。

（四）硝酸盐还原试验试剂

1. 成分。

（1）甲液：对氨基苯磺酸 0.8g、5mol/L 醋酸溶液。

（2）乙液：α-萘胺 0.5g、5mol/L 醋酸溶液。

2. 制备：

（1）制备 100mL 5mol/L 醋酸溶液：用冰醋酸来配，1mol 的冰醋酸重量为 60.05g，那么制备 100mL 5mol/L 醋酸溶液需要称取冰醋酸 30.025g，用小烧杯去皮称取 30.025g 冰醋酸或先称出小烧杯的重量，归零，再加 30.025g 冰醋酸，然后加去离子水

至 100mL。

（2）制备甲液：称取对氨基苯磺酸溶于 5mol/L 醋酸溶液中，加 5mol/L 醋酸溶液至 100mL。

（3）制备乙液：称取 α-萘胺 0.5g 溶于 5mol/L 醋酸溶液中，加 5mol/L 醋酸溶液至 100mL。

3. 用途：可用于鉴别奈瑟菌和卡他莫拉菌，硝酸盐还原试验中卡他莫拉菌为阳性，奈瑟菌多为阴性（但黏液奈瑟菌为阳性）。

4. 用法：以市售的硝酸盐还原生化管（内容物无色）为例，取硝酸盐还原生化管于距离内容物上方 2cm 处用砂条割开，迅速于酒精灯火焰处消毒，然后接种菌株，置 35℃孵育 24h，加入硝酸盐还原试验试剂甲、乙液各 1 滴，阳性菌株呈红色，阴性菌株呈无色。硝酸盐还原生化管 pH 为 6.9～7.7。

（五）氧化酶试剂

1. 成分：盐酸二甲基对苯二胺（盐酸四甲基对苯二胺）1g、去离子水。

2. 制备：称取盐酸二甲基对苯二胺（盐酸四甲基对苯二胺）溶于去离子水中，加去离子水至 100mL，临用时新鲜配制。

3. 用途：区别假单胞菌属与氧化酶阴性的肠杆菌科细菌。

4. 注。

（1）用法：取白色洁净滤纸一角，蘸取待检菌少许，滴加氧化酶试剂 1 滴。阳性者立即显粉红色（盐酸二甲基对苯二胺）或蓝色（盐酸四甲基对苯二胺），并于 5～10s 呈现深紫色反应。

（2）质量控制：铜绿假单胞菌 ATCC 27853 阳性，大肠埃希菌 ATCC 25922 阴性。

（3）保存：置棕色瓶内可用 1 周，4℃冰箱保存，或分装于棕色瓶内密封。

（六）苯丙氨酸脱氨酶试剂

1. 成分：三氯化铁 10g、去离子水。

2. 制备：称取三氯化铁溶于去离子水中，加去离子水至 100mL。

3. 用途：主要用于肠杆菌科细菌的鉴定。变形杆菌属、普罗威登斯菌属和摩根菌属细菌为阳性，肠杆菌科中其他细菌均为阴性。

4. 注。

（1）原理：某些细菌可产生苯丙氨酸脱氨酶，使苯丙氨酸脱去氨基，形成苯丙酮酸，加入三氯化铁后产生绿色反应。

（2）方法：将待检菌接种于苯丙氨酸琼脂培养基斜面上，于 35℃大气环境孵育 18～24h 后，滴加苯丙氨酸脱氨酶试剂 4～5 滴，自斜面上方流下，观察结果，出现绿色为阳性、黄色为阴性。应立即观察结果，延长反应时间会引起褪色，这种绿色 1～2min 即消失。

（七）霍乱红试验试剂

1. 成分：浓硫酸溶液（化学纯）。

2. 制备：市售的浓硫酸溶液（化学纯）直接使用。

（八）触酶试验试剂

1. 成分：3％过氧化氢溶液。

2. 制备：市售的3％过氧化氢溶液直接使用。

3. 用途：革兰阳性球菌中，葡萄球菌和微球菌均产生过氧化氢酶，而链球菌属不产生过氧化氢酶，故此试剂常用于革兰阳性球菌的初步分群。

4. 注。

（1）原理：产生过氧化氢酶的细菌能催化过氧化氢生成水和新生态氧，继而形成分子氧出现气泡。

（2）用法：

①玻片法。取洁净玻片一张，加1滴触酶试验试剂，采用无菌操作挑取18~24h培养物少许，在双氧水中磨匀，立即观察结果，于10秒内如产生大量气泡为阳性，不产生气泡者为阴性。

②试管法。采用无菌操作取琼脂斜面（不含血液的）18~24h培养物，接种于试管内，加入触酶试验试剂1mL，于10s内如产生大量气泡为阳性，不产生气泡为阴性。

（3）质量控制：金黄色葡萄球菌ATCC 25923阳性，无乳链球菌ATCC 13813阴性。

（4）挑取培养物时注意避免挑到琼脂，以免血液中的过氧化物酶产生假阳性反应。

（九）黏丝试验试剂

1. 成分：去氧胆酸钠0.5g、95％酒精溶液、去离子水90mL。

2. 制备：称取去氧胆酸钠，溶于95％酒精溶液中，加95％酒精溶液至10mL，然后再加入去离子水混匀即可。

3. 用途：用于弧菌的黏丝试验。

4. 注。

（1）方法：在玻片上滴加几滴黏丝试验试剂，将待检菌与该试剂充分混匀，使之形成浓厚菌悬液，1min内菌悬液由混变清，并变得黏稠。用接种环挑取时有黏丝形成，这即是霍乱弧菌的黏丝试验。1min后菌悬液更黏。

（2）结果：除副溶血性弧菌的部分菌株外，其他弧菌均有此反应，而其他弧菌初始时能拉出丝，1min后则不能。气单胞菌和邻单胞菌不会产生黏丝。

（十）胆汁溶菌试验试剂

1. 成分：去氧胆酸钠10g、95％酒精溶液、去离子水90mL。

2. 制备：称取去氧胆酸钠，溶于95％酒精溶液中，加95％酒精溶液至10mL，然后再加入去离子水混匀即可。

3. 用途：主要用于肺炎链球菌与甲型溶血性链球菌的鉴别，前者为阳性、后者为阴性。

4. 注。

（1）原理：胆汁或胆盐能活化肺炎链球菌的自溶酶，促进细菌细胞膜破损或菌体裂解而使细菌溶解。

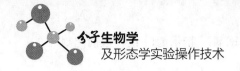
（2）方法：

①平板法。在一块玻片上画个圈，挑取菌落，滴上胆汁溶菌试验试剂，35℃大气环境孵育30min后观察结果。

②试管法。取培养物置于2支试管，各0.9mL，分别加入胆汁溶菌试验试剂（试验管）和生理盐水（对照管）0.1mL，摇匀后置35℃水浴10～30min后观察结果。

（3）结果：平板法以"菌落消失"为阳性；试管法以试验管"溶液变透明"为阳性，对照管"溶液仍混浊"为阴性。

三、等渗液和缓冲液

（一）pH7.4巴比妥缓冲液（BBS）

1. 贮存液。

（1）成分：氯化钠85g、巴比妥5.75g、巴比妥钠3.75g、氯化镁1.017g、无水氯化钙0.166g、去离子水。

（2）制备：将上述成分逐一溶于去离子水中，为促进溶解，可对去离子水进行加热，待温度恢复至室温时补充去离子水至2000mL，过滤，于4℃保存备用。

2. 应用液。

（1）成分：贮存液100mL、去离子水400mL。

（2）制备：贮存液与去离子水按照1∶4的比例进行配制，现用现配，不可储存。

（二）0.05mol/L、pH8.6的巴比妥缓冲液

1. 成分：巴比妥1.84g、巴比妥钠10.3g、去离子水。

2. 制备：称取巴比妥和巴比妥钠，先将巴比妥溶于去离子水中，可以加热，待其溶解后再加入巴比妥钠，慢慢加入，防止温度高喷出，待冷却后调节pH为8.6，一般自然冷却后pH即为8.6，加去离子水至1000mL。

3. 用途：用于制备电泳琼脂板和对流免疫电泳实验所需的电泳液。

（三）巴比妥钠缓冲液

1. 成分：

（1）甲液（0.2mol/L巴比妥钠溶液）：巴比妥钠41.2g、去离子水。

（2）乙液（0.2mol/L盐酸溶液）：浓盐酸溶液（比重1.19）16.5mL、去离子水983.5mL。

2. 制备：

（1）制备甲液：称取巴比妥钠，溶于去离子水中，加去离子水至100mL即可。

（2）制备乙液：将浓盐酸溶液缓慢地加入去离子水中，边加边用玻璃棒搅拌，混匀即可。

（3）应用液：使用时，取50mL甲液和不同体积乙液混合，然后稀释至200mL，即可得不同pH的0.05mol/L巴比妥钠缓冲液（表6-3）。

表 6-3　不同体积乙液对应的 pH

乙液（mL）	pH	乙液（mL）	pH
2.5	9.0	22.5	7.8
4.0	8.8	27.5	7.6
6.0	8.6	32.5	7.4
9.0	8.4	39.0	7.2
10.7	8.2	43.0	7.0
17.5	8.0	45.0	6.8

（四）0.01mol/L、不同 pH 的 PBS

按磷酸氢二钠及磷酸二氢钠的分子量各自配成 0.2mol/L 的储存液，再按表 6-4 所示配成不同 pH 的 0.2mol/L PBS，工作液即以 0.85％氯化钠溶液将 0.2mol/L PBS 稀释 20 倍配成。

表 6-4　不同 pH 的 0.2mol/L PBS

0.2mol/L 磷酸氢二钠溶液（mL）	0.2mol/L 磷酸二氢钠溶液（mL）	pH
8.0	92.0	5.8
12.3	87.7	6.0
18.5	81.5	6.2
26.5	73.5	6.4
37.5	62.5	6.6
49.0	51.0	6.8
61.0	39.0	7.0
72.0	28.0	7.2
81.0	19.0	7.4
87.0	13.0	7.6
91.5	8.5	7.8
94.7	5.3	8.0

注：二水磷酸氢二钠（$Na_2HPO_4 \cdot 2H_2O$）分子量为 178.05，0.2mol/L PBS 含 35.61g/L。

十二水磷酸氢二钠（$Na_2HPO_4 \cdot 12H_2O$）分子量为 358.22，0.2mol/L PBS 含 71.64g/L。

一水磷酸二氢钠（$NaH_2PO_4 \cdot H_2O$）分子量为 138.01，0.2mol/L PBS 含 27.60g/L。

二水磷酸二氢钠（$NaH_2PO_4 \cdot 2H_2O$）分子量为 156.03，0.2mol/L PBS 含 31.21g/L。

（五）0.2mol/L、pH5.6 的醋酸—醋酸钠（HAC—NaAC）缓冲液

1. 成分：

（1）0.2mol/L 醋酸溶液。冰醋酸 11.6mL，加去离子水至 1000mL。

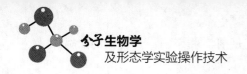

（2）0.2mol/L 醋酸钠溶液。无水醋酸钠 16.4g 溶于去离子水中，加去离子水至 1000mL。

2. 制备：量取 0.2mol/L 醋酸溶液 0.9mL，加入 9.1mL 的 0.2mol/L 醋酸钠溶液中，混匀即可。

（六）0.01mol/L、pH8.2 的甘氨酸缓冲盐水

1. 成分：甘氨基酸 0.751g、浓盐酸溶液（12mol/L）、去离子水（或 pH 6.4～7.0 的 PBS）。

2. 制备：将浓盐酸溶液（12mol/L）用去离子水（或 pH6.4～7.0 的 PBS）稀释为 1mol/L，将甘氨基酸溶于 60mL 去离子水中，用 1mol/L 的盐酸溶液调节 pH 至 8.2，补加去离子水（或 pH6.4～7.0 的 PBS）并定容至 100mL，此溶液为 0.1mol/L、pH8.2 的甘氨酸原液，置于 4℃冰箱冷藏保存，使用前用去离子水（或 pH6.4～7.0 的 PBS）稀释为 0.01mol/L 即可。

（七）pH7.0 的缓冲生理盐水

1. 成分：氯化钠 17g、磷酸氢二钠 1.13g、磷酸二氢钾 0.27g、去离子水、硫酸镁 10g。

2. 制备：

（1）制备缓冲液原液：称取氯化钠、磷酸氢二钠、磷酸二氢钾溶于去离子水中，加去离子水至 100mL，混合后制成缓冲液原液。

（2）制备 10% 硫酸镁溶液：称取硫酸镁 10g 溶于去离子水中，加去离子水至 100mL，即成 10% 硫酸镁溶液。

（3）取缓冲液原液 50mL 加去离子水 950mL，经高压灭菌后，加 10% 硫酸镁溶液 1mL，即可应用。

（八）pH8.0 的缓冲生理盐水

1. 成分：氯化钠 17g、磷酸氢二钠 1.59g、磷酸二氢钾 0.09g、去离子水。

2. 制备：

（1）制备缓冲液原液：称取上述成分溶于去离子水中，加去离子水至 100mL，混合后制成缓冲液原液。

（2）取缓冲液原液 50mL，加去离子水 950mL 即可。

3. 用途：用滤纸过滤，经高压灭菌后用于配制血清盐水。

（九）0.025mol/L 的 PBS

1. 甲液：称取 $Na_2HPO_4 \cdot 2H_2O$ 35.61g 溶于去离子水中，加去离子水至 1000mL。

2. 乙液：称取 $NaH_2PO_4 \cdot H_2O$ 27.6g 溶于去离子水中，加去离子水至 1000mL。

3. 应用液：

1）0.025mol/L、pH6.0 的酚红 PBS。

（1）成分：甲液 6.15mL、乙液 43.85mL、1g/L 酚红水溶液 0.8mL、去离子

水 350mL。

（2）制备：上述各组分充分混匀后，过滤除菌，4℃保存备用。

2）0.025mol/L、pH6.8 的 PBS。

（1）成分：甲液 24.5mL、乙液 25.5mL、去离子水 350mL。

（2）制备：上述各组分充分混匀后，过滤除菌，4℃保存备用。

3）0.025mol/L、pH7.4 的 PBS。

（1）成分：甲液 40.5mL、乙液 9.5mL、去离子水 350mL。

（2）制备：上述各组分充分混匀后，过滤除菌，4℃保存备用。

（十）0.03mol/L 的 PBS

1. 成分：磷酸氢二钠 0.84g、磷酸二氢钾 1.36g、去离子水。

2. 制备：称取磷酸氢二钠和磷酸二氢钾溶于去离子水中，加去离子水至 1000mL，pH7.2～7.4，分装，121.3℃（103.43kPa）高压灭菌 30min 后备用。

（十一）0.1mol/L 含钠盐的 PBS

1. 甲液（0.2mol/L 磷酸二氢钠溶液）：称取磷酸二氢钠 27.8g 溶于去离子水中，加去离子水至 1000mL。

2. 乙液（0.2mol/L 磷酸氢二钠溶液）：称取磷酸氢二钠 53.65g 溶于去离子水中，加去离子水至 1000mL。

3. 应用液：使用时取不同体积的甲液、乙液，混合后用去离子水稀释至 200mL，即可得不同 pH 的缓冲液（表 6-5）。

表 6-5　不同 pH 的含钠盐 PBS

甲液（mL）	乙液（mL）	pH
39.0	61.0	7.0
28.0	72.0	7.2
19.0	81.0	7.4
13.0	87.0	7.6
8.5	91.5	7.8
5.3	94.7	8.0

（十二）1/15 mol/L 的 PBS

1. 甲液（1/15 mol/L 磷酸氢二钠溶液）：称取磷酸氢二钠 9.45g（$Na_2HPO_4 \cdot 2H_2O$ 11.87g 或 $Na_2HPO_4 \cdot 12H_2O$ 23.86g）溶于去离子水中，加去离子水至 1000mL。

2. 乙液（1/15 mol/L 磷酸二氢钾溶液）：称取磷酸二氢钾 9.07g 溶于去离子水中，加去离子水至 1000mL。

3. 应用液：使用时取不同体积的甲液和乙液混合，即可得不同 pH 的缓冲液（表 6-6）。

表 6-6　不同 pH 的 1/15 mol/L PBS

甲液（mL）	乙液（mL）	pH
12.0	88.0	6.0
18.0	82.0	6.2
27.0	73.0	6.4
37.0	63.0	6.6
49.0	51.0	6.8
63.0	37.0	7.0
73.0	27.0	7.2
81.0	19.0	7.4
86.8	13.2	7.6
91.5	8.5	7.8
94.4	5.6	8.0
96.8	3.2	8.2
98.0	2.0	8.4

（十三）0.1mol/L 含钾盐的 PBS

按磷酸氢二钾及磷酸二氢钾的分子量各自配成 1mol/L 的储存液，再按下列比例配成不同 pH 的含钾盐 PBS（表 6-7），工作液即以去离子水将缓冲液稀释 10 倍后制成。

表 6-7　不同 pH 的含钾盐 PBS

1mol/L 磷酸氢二钾溶液（mL）	1mol/L 磷酸二氢钾溶液（mL）	pH
8.5	91.5	5.8
13.2	86.8	6.0
19.2	80.8	6.2
27.8	72.2	6.4
38.1	61.9	6.6
49.7	50.3	6.8
61.5	38.5	7.0
71.7	28.3	7.2
80.2	19.8	7.4
86.6	13.4	7.6
90.8	9.2	7.8
93.2	6.8	8.0

注：二水磷酸氢二钾（$K_2HPO_4 \cdot 2H_2O$）分子量为 210.22，1mol/L 磷酸氢二钾含 210.22g/L。
　　一水磷酸二氢钾（$KH_2PO_4 \cdot H_2O$）分子量为 154.09，1mol/L 磷酸二氢钾含 154.09g/L。

（十四）流式细胞仪用 PBS

1. 成分：氯化钠 8.0g、氯化钾 0.2g、磷酸氢二钠 1.44g、磷酸二氢钾 0.24g、1mol/L 的盐酸溶液或氢氧化钠溶液适量、去离子水。

2. 制备：将上述成分溶于 800mL 去离子水中，用 1mol/L 的盐酸溶液或氢氧化钠溶液（根据当地水质酸碱选择）调节溶液 pH 至 7.2～7.4，加去离子水至 1000mL，$0.22\mu m$ 滤膜过滤后使用。

（十五）0.1mol/L、pH8.4 的硼酸盐缓冲液

1. 成分：十水四硼酸钠（$Na_2B_4O_7 \cdot 10H_2O$）4.29g、硼酸（H_3BO_3）3.40g、去离子水。

2. 制备：称取十水四硼酸钠和硼酸溶于去离子水中，加去离子水至 1000mL，然后用 G3 或 G4 玻璃滤器过滤。

（十六）0.85％氯化钠溶液

1. 成分：氯化钠 0.85g、去离子水。

2. 制备：称取氯化钠溶于去离子水中，加去离子水至 100mL，混匀即可。如需灭菌使用，可经 121.3℃（0.1MPa）高压灭菌 20min 后备用。

（十七）糖发酵缓冲液

1. 成分：磷酸氢二钾 0.04g、磷酸二氢钾 0.01g、氯化钾 0.8g、1％酚红水溶液 0.2mL、去离子水。

2. 制备：称取上述固体成分溶于去离子水中，再加入 1％酚红水溶液，加去离子水至 100mL，过滤除菌，4℃保存备用。

（十八）0.5mol/L、pH9.0～9.5 的碳酸盐缓冲液

1. 成分：碳酸钠 0.6g、碳酸氢钠 3.7g、去离子水。

2. 制备：称取上述成分溶于去离子水中，加去离子水至 1000mL，塞紧瓶塞，4℃保存备用。

（十九）Earle 平衡盐溶液

1. 甲液。

1）成分。氯化钠 68g、氯化钾 4g、七水硫酸镁（$MgSO_4 \cdot 7H_2O$）2g、$NaH_2PO_4 \cdot H_2O$ 1.4g、葡萄糖 10g、0.4％酚红水溶液 100mL、去离子水 800mL。

2）制备。称取上述固体成分，量取 0.4％酚红水溶液，并将其逐一溶于去离子水中，115.6℃（68.95kPa）高压灭菌 15min，备用。

2. 乙液。

1）成分：氯化钙 2g、去离子水。

2）制备。称取氯化钙溶于去离子水中，加去离子水至 100mL，115.6℃（68.95kPa）高压灭菌 15min，备用。

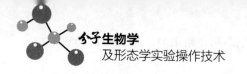

3. 应用液。

1) 制备混合液。将灭菌后的乙液缓慢倒入灭菌后的甲液中，充分混匀，分装，4℃保存备用。

2) 取混合液 1 份、去离子水 9 份，塞紧瓶塞，115.6℃（68.95kPa）高压灭菌 15min，置于室温或 4℃保存备用。临用前以 5.6％碳酸氢钠溶液调至所需 pH。

（二十）Hanks 液

1. 含 Ca^{2+}、Mg^{2+} Hanks 液。

1) 甲液。

（1）成分：氯化钠 160g、氯化钾 8g、$MgSO_4 \cdot 7H_2O$ 2g、六水氯化镁（$MgCl_2 \cdot 6H_2O$）2g、氯化钙 2.8g、氯仿 2mL、去离子水。

（2）制备：将氯化钠、氯化钾、$MgSO_4 \cdot 7H_2O$ 和 $MgCl_2 \cdot 6H_2O$ 按顺序溶于 800mL 去离子水中，同时将氯化钙溶于 100mL 去离子水中，然后将两溶液混合并补充去离子水至 1000mL，再加入氯仿防腐，塞紧胶塞，置于 4℃冰箱保存备用。

2) 乙液。

（1）成分：$Na_2HPO_4 \cdot 12H_2O$ 3.04g（或 $Na_2HPO_4 \cdot 2H_2O$ 1.2g、磷酸氢二钠 0.954g）、磷酸二氢钾 1.2g、葡萄糖 20g、0.4％酚红水溶液 100mL、氯仿 2mL、去离子水。

（2）制备：

①将 $Na_2HPO_4 \cdot 12H_2O$（或 $Na_2HPO_4 \cdot 2H_2O$、磷酸氢二钠）、磷酸二氢钾和葡萄糖按顺序溶于 800mL 去离子水中。

②制备 0.4％酚红水溶液。取酚红 0.4g，置玻璃研钵中，逐滴加入 0.1mol/L 氢氧化钠溶液并研磨，直至完全溶解，约加 0.1mol/L 氢氧化钠溶液 10mL。将溶解的酚红水溶液吸入 100mL 量瓶中，用去离子水洗去研钵中的残留酚红水溶液，吸入量瓶中，最后补充去离子水至 100mL。

③将 0.4％酚红水溶液加入步骤①溶液中并补充去离子水至 1000mL，最后加入氯仿防腐，塞紧胶塞，置于 4℃冰箱保存备用。

3) 应用液。使用时取甲液 1 份、乙液 1 份、去离子水 18 份，113℃（55.16kPa）高压灭菌 15min 后，4℃冰箱保存备用，临用前用 5.6％碳酸氢钠溶液调节 pH 至 7.2～7.4。根据需要添加青霉素、链霉素。

2. 无 Ca^{2+}、Mg^{2+} Hanks 液（D-Hanks 液）。

1) 配方一。

（1）成分：氯化钠 8g、氯化钾 0.4g、$Na_2HPO_4 \cdot 12H_2O$ 0.12g、磷酸二氢钾 0.06g、葡萄糖 1g、1％酚红水溶液 2mL、去离子水。

（2）制备：将上述各组分逐一溶于去离子水中，充分混匀后加去离子水至 1000mL，分装于 100mL 的玻璃瓶内，113℃（55.16kPa）高压灭菌 15min 后，4℃冰箱保存备用，临用时前用 3％碳酸氢钠溶液调节 pH 至 7.2～7.4。

2) 配方二。

（1）成分：氯化钠 8g、氯化钾 0.4g、碳酸氢钠 0.35g、$Na_2HPO_4 \cdot 2H_2O$ 0.06g（或磷酸氢二钠 0.0477g）、磷酸二氢钾 0.06g、葡萄糖 1g、酚红 0.02g、去离子水。

（2）制备：称取上述成分加入去离子水中溶解，然后补加去离子水至 1000mL，用 5.6% 碳酸氢钠溶液调节 pH 至 7.4，4℃冰箱保存备用。

3. 用途：Hanks 液是常见的平衡盐溶液之一。D-Hanks 液则是无钙、镁离子的 Hanks 液。Hanks 液与细胞生长状态下的 pH、渗透压及无菌状态一致，且配方简单，是组织培养基本用液，细胞在 Hanks 液中可生存几个小时。

主要用于配制培养液、稀释剂和细胞清洗液，而不能单独作为细胞、组织培养液。

4. 注：

（1）Hanks 液是生物医学实验中常用的无机盐溶液和平衡盐溶液（balanced salt solutions，BSS），简称 HBSS。

（2）酚红对细胞有一定毒性，目前实验中的用量除 0.02g 外，还有 0.01g 和 0.005g，也可以不加酚红。酚红所加用量不同，Hanks 液颜色也不同，会有少许变化。

（3）配制 Hanks 液所用的试剂必须达到一级 GR 或者二级 AR 规格。

（二十一）1mol/L 盐酸溶液

1. 成分：浓盐酸溶液（比重 1.19）82.5mL、去离子水 917.5mL。

2. 制备：将浓盐酸溶液缓慢地加入去离子水中，边加边用玻璃棒搅拌，混匀即可。

（二十二）0.075mol/L 氯化钾溶液（低渗液）

1. 成分：氯化钾 5.59g、去离子水。

2. 制备：称取氯化钾溶于去离子水中，加去离子水至 1000mL，配制到棕色小口瓶内，4℃保存备用。

（二十三）1mol/L 氢氧化钠溶液

1. 成分：氢氧化钠 4g、去离子水。

2. 制备：称取氢氧化钠溶于去离子水中，加去离子水至 100mL。

（二十四）0.01mol/L、pH7.4 的 PBS

1. 成分：磷酸二氢钾 0.2g、$Na_2HPO_4 \cdot 12H_2O$ 2.9g、氯化钾 0.2g、氯化钠 8g、去离子水。

2. 制备：称取上述成分，加去离子水至 1000mL，溶解混匀即可。

（二十五）0.015mol/L、pH7.2 的 PBS

1. 成分：氯化钠 6.8g、磷酸氢二钠 1.48g、磷酸二氢钾 0.43g、去离子水。

2. 制备：称取上述成分溶于去离子水中，加去离子水至 1000mL。

（二十六）0.2mol/L 的 PBS

1. 成分：

1）甲液。$Na_2HPO_4 \cdot 2H_2O$ 35.61g［或七水磷酸氢二钠（$Na_2HPO_4 \cdot 7H_2O$）53.65g、$Na_2HPO_4 \cdot 12H_2O$ 71.64g］、去离子水。

2）乙液。$NaH_2PO_4 \cdot H_2O$ 27.6g（或 $Na_2HPO_4 \cdot 2H_2O$ 31.21g）、去离子水。

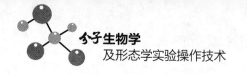

2. 制备：

1）制备甲液，称取上述成分溶于去离子水中，加去离子水至1000mL。

2）制备乙液，称取上述成分溶于去离子水中，加去离子水至1000mL。

3）制备工作液，取甲液36mL、乙液14mL混合，即为0.2mol/L、pH7.2的PBS；取甲液40.5mL、乙液9.5mL混合，即为0.2mol/L、pH7.4的PBS。

（二十七）PEG—NaF稀释液

1. 成分：PEG6000 4.1g，氟化钠（NaF）1g，0.1mol/L、pH8.4的硼酸盐缓冲液。

2. 制备：称取PEG6000和氟化钠溶于0.1mol/L、pH8.4的硼酸盐缓冲液中，加硼酸盐缓冲液至100mL。

（二十八）0.05mol/L Tris缓冲液

1. 甲液（0.2mol/L Tris溶液）：Tris 24.2g溶于去离子水中，加去离子水至1000mL。

2. 乙液（0.2mol/L氯化钠溶液）：氯化钠11.7g溶于去离子水中，加去离子水至1000mL。

3. 制备：取50mL甲液加入不同体积乙液，然后稀释至200mL，即成不同pH、0.05mol/L的Tris缓冲液（表6−8）。

表6−8 不同pH的0.05mol/L Tris缓冲液

乙液（mL）	pH	乙液（mL）	pH
44.2	7.2	21.9	8.2
41.4	7.4	16.5	8.4
38.4	7.6	12.2	8.6
32.5	7.8	8.1	8.8
26.8	8.0	50.0	9.0

四、酶联免疫吸附试验（ELISA）试剂

（一）包被缓冲液（0.05mol/L、pH9.6的碳酸钠−碳酸氢钠缓冲液）

1. 成分：碳酸钠0.16g、碳酸氢钠0.29g、叠氮化钠0.02g、去离子水。

2. 制备：称取上述成分溶于去离子水中，加去离子水至100mL，混匀即可，于4℃保存，2周内使用。

（二）稀释缓冲液

1. 配方一：0.05mol/L、pH7.4的PBS−Tween−20溶液。

1）成分。氯化钠8g、氯化钾0.2g、磷酸二氢钾0.2g、$Na_2HPO_4 \cdot H_2O$ 2.0g、叠氮化钠0.2g、去离子水、吐温（Tween）−20 0.5mL、小牛血清适量。

2）制备。称取上述成分（吐温－20、小牛血清除外）溶于去离子水中，加去离子水至 1000mL，添加吐温－20 后于 4℃保存，临用前加小牛血清至 10％浓度。

2. 配方二：酶标用稀释液（1％BSA－PBS 溶液）。

按照 1％的终浓度，向 pH7.4 的 0.01mol/L PBS 中加入牛血清白蛋白（BSA），充分混匀，制成 1％BSA－PBS 溶液。

（三）洗涤液

1. 配方一：0.02mol/L、pH7.4 的 Tris－HCl－Tween－20 溶液。

1）成分。Tris 2.4g、吐温－20 0.5mL、去离子水。

2）制备。称取 Tris，添加吐温－20，加去离子水至 1000mL，充分混匀，注意需现配现用。

2. 配方二：PBS－Tween－20 溶液。按照 0.05％的终浓度，向 pH7.4 的 0.015mol/L PBS 中加入吐温－20，充分混匀，制成 PBS－Tween－20 溶液。

（四）基质液（pH5.0 的磷酸盐－柠檬酸缓冲液）

1. 成分：柠檬酸 0.52g、磷酸氢二钠 1.8g、去离子水、邻苯二胺 40mg、30％过氧化氢溶液 0.15mL。

2. 制备：称取柠檬酸、磷酸氢二钠溶于去离子水中，加去离子水至 100mL，平时配好备用，临用前加入邻苯二胺、30％过氧化氢溶液，避光保存。

（五）HRP 显色底物溶液

1. TMB－过氧化氢尿素溶液。

1）底物液 A 成分。3,3',5,5'－四甲基联苯胺（TMB）200mg、无水乙醇 100mL、去离子水。

2）底物液 B（缓冲液）成分。磷酸氢二钠 14.60g、柠檬酸 9.33g、0.75％过氧化氢尿素溶液 6.4mL、去离子水。

3）制备。将底物液 A 和底物液 B 分别制备，按 1∶1 的比例混合即成。

2. OPD－H_2O_2 溶液。

1）邻苯二胺（OPD）稀释液成分。19.2g/L 枸橼酸溶液 48.6mL、71.7g/L $Na_2HPO_4 \cdot 12H_2O$ 溶液 51.4mL。

2）OPD－H_2O_2 溶液成分。OPD 40mg、OPD 稀释液 100mL、30％过氧化氢溶液 0.15mL。

3. DAB（3,3'－二氨基联苯胺）溶液。

1）成分。DAB 6mg，50mmol/L、pH7.6 的 Tris 溶液 10mL，30％过氧化氢溶液 10μL。

2）制备。将 DAB 溶于 Tris 溶液中，然后滤纸过滤，并添加 30％过氧化氢溶液。

（六）终止液（2～4mol/L 硫酸溶液）

1. 成分：98％浓硫酸溶液（18mol/L）100mL、去离子水 800mL。

2. 制备：先取去离子水 600mL，将 98％浓硫酸溶液缓慢加入其中，边加边搅拌，然后加入 200mL 去离子水。

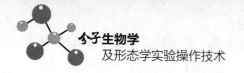

五、传代细胞培养液

（一）洗涤液

0.01mol/L、pH7.2 的 PBS。

（二）消化液（胰－EDTA 消化液）

1. 成分：1％胰酶 5mL，1％EDTA 2mL，0.01mol/L、pH7.2 的 PBS。

2. 制备：准确量取 1％胰酶、1％EDTA，然后以 0.01mol/L、pH7.2 的 PBS 加至 100mL 即可。

（三）生长液

1. 成分：5g/L 乳汉液 99mL、小牛血清 10mL、双抗液 1mL、卡那霉素 0.5mL、3％谷氨酰胺溶液 1mL、碳酸氢钠溶液。

2. 制备：采用无菌操作，准确量取上述成分，混匀后用碳酸氢钠溶液调节 pH 至 7.0～7.2。

（四）维持液

1. 成分：5g/L 乳汉液 95mL、199 培养液（10×）5mL、小牛血清 5mL、卡那霉素 0.5mL、3％谷氨酰胺溶液 1mL、碳酸氢钠溶液。

2. 制备：采用无菌操作，准确量取上述成分，混匀后用碳酸氢钠溶液调节 pH 至 7.4。

（五）1％胰酶

1. 成分：胰酶 1g、Hanks 液。

2. 制备：称取胰酶溶于 Hanks 液，置于 37℃水浴，使其完全溶解，加 Hanks 液至 100mL，过滤除菌，分装，塞紧瓶塞，低温保存，临用前用 Hanks 液进行 5 倍稀释。

（六）1％乙二胺四乙酸（EDTA）溶液

1. 成分：EDTA 1g、氯化钠 0.8g、氯化钾 0.02g、磷酸氢二钠 0.115g、磷酸二氢钾 0.02g、葡萄糖 0.02g、去离子水。

2. 制备：将上述成分逐一溶于去离子水中，加去离子水至 100mL，小瓶分装，115.6℃（55.16kPa）高压灭菌 15min，置于 4℃保存备用。此液为传代细胞的分散液，也叫 Versene 液。

（七）乳汉液（5g/L 水解乳蛋白 Hanks 液）

1. 成分：水解乳蛋白 5g、Hanks 液。

2. 制备：称取水解乳蛋白溶于 Hanks 液中，加 Hanks 液至 1000mL，115.6℃（55.16kPa）高压灭菌10～15min备用。

（八）双抗液（青霉素、链霉素溶液）

1. 青霉素液。

1）成分。青霉素 120 万 IU、Hanks 液。

2）制备。取青霉素溶于 Hanks 液中，加 Hanks 液至 60mL，充分混匀即可。

2. 链霉素液。

1）成分。链霉素 1g、Hanks 液。

2）制备。取链霉素溶于 Hanks 液中，加 Hanks 液至 50mL，充分混匀即可。

3. 青霉素－链霉素双抗溶液。

1）成分。青霉素液 50mL、链霉素液 50mL。

2）制备。取青霉素液和链霉素液，混匀后分装，低温保存备用。

（九）卡那霉素液

1. 成分：卡那霉素 2mL、Hanks 液。

2. 制备：将卡那霉素溶于 Hanks 液中，加 Hanks 液至 48mL，混匀后分装，低温保存备用。

（十）3％谷氨酰胺

1. 成分：谷氨酰胺 1.5g、去离子水。

2. 制备：称取谷氨酰胺溶于去离子水中，加去离子水至 60mL，加温至 80℃溶解，过滤除菌，低温保存备用。

（十一）5.6％碳酸氢钠溶液

1. 成分：碳酸氢钠 5.6g、去离子水。

2. 制备：称取碳酸氢钠溶于去离子水中，加去离子水至 100mL，完全溶解后小瓶分装，115.6℃（55.16kPa）高压灭菌 10min，4℃保存备用。

六、抗凝剂和保存液

（一）抗凝剂

1. 10％草酸钾溶液：

1）成分。草酸钾 10g、去离子水。

2）制备。称取草酸钾溶于去离子水中，加去离子水至 100mL。

3）用量。配制成 10％草酸钾溶液，每管加 0.1mL 即可使 5～10mL 血不凝固。一般做微量检验，用血量较少，可配制成 2％草酸钾溶液，每管加 0.1mL 可使 1～2mL 血液不凝固。另外，可取 10％草酸钾溶液 0.1～0.2mL 置于试管中摇动，使其分散于管壁四周，置 60℃烘箱中烤干（温度不可超过 80℃，否则，草酸钾可分解成碳酸钾而失去抗凝作用），可使 5～10mL 血不凝固。

4）原理。草酸钾为最常用的抗凝剂。其与血液混合后可迅速与血液中的钙离子结合，形成不溶解的草酸钙，使血液不凝固。

5）注。草酸钾常用于非蛋白氮测定，但不适用于测定血液内钾和钙。草酸钾能抑制乳酸脱氢酶、酸性磷酸酶和淀粉酶的活性，故应注意。

2. 草酸盐合剂：

1）成分。草酸铵 1.2g、草酸钾 0.8g、福尔马林（即 40％甲醛溶液）1.0mL、去离子水。

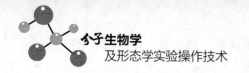

2）制备。称取草酸铵、草酸钾，量取福尔马林，混合于去离子水中，加去离子水至 100mL，充分混匀即可。

3）用量。临床上一般每毫升血加草酸盐合剂 0.1mL。根据取血量将计算好的草酸盐合剂加入玻璃容器内烤干备用。若取 0.5mL 于试管，则烘干后每管可使 5mL 血不凝固。

4）原理。草酸铵能使血细胞略微膨大，而草酸钾能使血细胞略微缩小，草酸铵与草酸钾按 3∶2 比例配置，可使血细胞体积保持不变。加福尔马林能防止微生物在血中繁殖，尤其是防止霉菌生长。此抗凝剂适用于红细胞比容测定。

5）注。草酸盐合剂的作用在于能够沉淀血凝过程中所必需的钙离子，从而达到抗凝目的。用时注意使用剂量应适中，不能过多，以免妨碍去蛋白质血滤液的制取。不适用于血液内钙或钾的测定，也不能用于血液非蛋白氮测定。

3. 1％肝素（Heparin）：

1）成分。肝素 1g、去离子水。

2）制备。称取肝素溶于去离子水中，加去离子水至 100mL，每管分装 0.2mL，经 100℃烘干，每管可使 10～15mL 血不凝固。也可将抽血注射器管壁用配好的 1％肝素湿润一下，直接抽血至注射器内而使血不凝固。10mg 纯的肝素能抗凝 62.5～125mL 血液（按 1mg 等于 125U，10～20U 能抗 1mL 血液计）。但由于肝素制剂的纯度及其保存时间不等，因此其抗凝效果也不相同。

3）用量。在做动物实验进行全身抗凝时，一般剂量为大白鼠 2.5～3.0mg/200～300g 体重、兔 10mg/kg 体重、狗 5～10mg/kg 体重。肝素可改变蛋白质等电点，因此，当用盐析法分离蛋白质时，不可采用肝素。市售的肝素钠溶液每毫升含肝素 12500U，相当于 100mg。

4）原理。肝素的抗凝作用很强，进行动物复苏等实验时，常作为动物全身抗凝剂，肝素主要通过抑制凝血活酶的活力、阻止血小板凝聚及抑制抗凝血酶，使血液不发生凝固。

4. 3.8％枸橼酸钠抗凝剂：

1）成分。枸橼酸钠 3.8g、去离子水。

2）制备。称取枸橼酸钠溶于去离子水中，加去离子水至 100mL，定量分装，121.3℃（103.43kPa）高压灭菌 15min 后备用。

3）用量。常配成 3％～5％溶液。取 0.1mL 可使 1mL 血不凝固，也可直接加粉剂，每毫升血加 3～5mg，即可达到抗凝目的。

4）原理。枸橼酸钠可使钙离子失去活性，防止凝血。但其抗凝作用较差，碱性较强，不宜作化学检验之用，仅可用于红细胞沉降率测定。急性血压测定实验所用枸橼酸钠抗凝剂为 5％～6％溶液。

5. 乙二胺四乙酸（EDTA）二钠盐：

1）成分。EDTA 二钠盐 15g、去离子水。

2）制备。称取 EDTA 二钠盐溶于去离子水中，加去离子水至 100mL。

3）用量。EDTA 二钠盐通常配成 15％水溶液，每 1mL 血加 1.2mg EDTA 二钠盐,即每 5mL 血加 0.04mL 15%EDTA 二钠盐溶液。

4)原理。EDTA 二钠盐对血液中钙离子有很大的亲和力,能与钙离子络合而使血不凝固。除不能用于血液中钙、钠及含氮物质测定外,适用于多种抗凝。EDTA 二钠盐可在 100℃下干燥,抗凝作用不变。

（二）保存液

1. 阿氏血细胞保存液。

1）成分。葡萄糖 20.5g、枸橼酸钠 8.0g、枸橼酸 5.5g、氯化钠 4.18g、去离子水。

2）制备。将上述成分溶于去离子水中,加去离子水至 1000mL,滤纸过滤后小瓶分装,置于 113℃（55.16kPa）高压灭菌 20min 后备用。4℃下可保存 7～10d。

3）注。

（1）阿氏血细胞保存液中既含有枸橼酸钠（抗凝剂）,又含有细胞生存所需的营养,所以它既可作抗凝剂,又可作血细胞的保存液。

（2）使用时常按 1:1 比例与新鲜血液混合。但如果抗凝鸡血,就需加入 5 倍于鸡血量的阿氏血细胞保存液。

2. 血球保养液。

1）成分。枸橼酸（柠檬酸）钠（三钠）1.33g、枸橼酸（柠檬酸）0.47g、葡萄糖 3.0g、去离子水。

2）制备。将上述成分溶于去离子水中,加去离子水至 100mL,滤纸过滤后小瓶分装,置于 113℃（55.16kPa）高压灭菌 20min 后备用。

七、固定液

（一）10%甲醛生理盐水固定液（等渗甲醛固定液）

1. 成分:甲醛溶液 100mL、氯化钠 3.5g、去离子水 900mL。

2. 制备:称取氯化钠,量取甲醛溶液、去离子水,溶解混匀即可。如将氯化钠换成氯化钙（1g）,即成 10%甲醛钙液。

3. 用途:组织化学实验和脂类常用固定液之一。

（二）卡诺氏液

1. 成分:

1）配方一。无水乙醇 6 份、冰醋酸 1 份、氯仿 3 份。

2）配方二。甲醇 3 份、冰醋酸 1 份。

2. 制备:

1）配方一。量取无水乙醇 6 份、冰醋酸 1 份、氯仿 3 份,混匀即可。

2）配方二。量取甲醇 3 份、冰醋酸 1 份,混匀即可,现配现用。

3. 用途:这种固定液能固定细胞质和细胞核,尤其适宜于固定染色体,所以多用于细胞学的制片,还可用来固定腺体、淋巴组织以及原生动物的胞壳等。

4. 用量:这种固定液穿透组织迅速,因此一般小块组织固定 20～40min、大型组织不超过 3～4h。固定后用 95%酒精溶液或无水乙醇洗涤,换液两次,移到石蜡中或用

80％酒精溶液保存。

（三）Bouin 氏液与 PFF 液

1. 成分：1.22％苦味酸饱和水溶液 75mL、40％甲醛溶液 25mL、冰醋酸（90％～95％甲醛溶液）5mL。

2. 制备：将 1.22％苦味酸饱和水溶液过滤，加入 40％甲醛溶液（有沉淀者禁用），最后加入冰醋酸，混匀即成 Bouin 氏液，置于 4℃冰箱备用。冰醋酸最好在临用前加入。

将 Bouin 氏液中冰醋酸改为 90％～95％甲醛溶液后即为 PFF 液，此液除具备固定作用外还可脱钙。苦味酸的黄色可用碳酸锂酒精溶液多次更换除尽。

3. 用途：用于结缔组织染色。

（四）0.25％戊二醛溶液

1. 成分：25％戊二醛溶液 0.1mL、0.43％氯化钠溶液 9.9mL。

2. 制备：临用时用 0.43％氯化钠溶液将 25％戊二醛溶液稀释 100 倍，混匀即可。

（五）0.8％戊二醛溶液

1. 成分：25％戊二醛溶液 1.0mL、0.43％氯化钠溶液 30.25mL。

2. 制备：临用时在 0.43％氯化钠溶液中加入 25％戊二醛溶液，混匀即可。

3. 用途：主要用于固定细胞。

（六）Zenker 氏液

1. 成分：重铬酸钾 2.5g、升汞 5～7g、硫酸钠（可省略）1g、去离子水、冰醋酸（临用时加）5mL。

2. 制备：按上述配方称取重铬酸钾、升汞、硫酸钠（可省略）溶于去离子水中，加去离子水至 100mL，临用时加冰醋酸即可。

3. 用途：升汞沉淀蛋白，重铬酸钾凝固脂类，冰醋酸利于染色。

八、RPMI－1640 营养液

1. 成分：1640 干粉 10.5g、去离子水。

2. 制备：称取 1640 干粉加入去离子水中，加去离子水至 1000mL，置于 4℃冰箱中过夜，使其完全溶解，过滤除菌，分装后置于－20℃冻存。6 个月内使用有效，临用前须做无菌试验。目前为方便使用，可以直接购买市售的 RPMI－1640 营养液。

九、植物血凝素（PHA）

1. 成分：8mg/mL 原液、RPMI－1640 培养液。

2. 制备：原液和 RPMI－1640 培养液按 1∶100 比例配制即可。

3. 用途：PHA 具有广谱抗病毒作用，对细菌性疾病也有治疗作用，主要用于防治家禽新城疫、法氏囊、小鹅瘟、鸭病毒性肝炎、四时感冒、传染性支气管炎、传染性喉气管炎、伤寒、鸭传染性浆膜炎、卵黄性腹膜炎、传染性鼻炎、病毒性呼吸道等疾病以及各种原因引起的免疫抑制、免疫缺陷、免疫失败、免疫麻痹等。

4. 作用机理：

（1）PHA 刺激 T 细胞增殖分化，产生大量效应 T 细胞和细胞毒 T 细胞，效应 T 细胞分泌产生大量细胞因子（如干扰素等）杀伤病毒，细胞毒 T 细胞可直接杀伤病毒。

（2）PHA 同时可刺激 B 细胞转化为浆母细胞，然后增殖分化为浆细胞，浆细胞产生大量的非特异性抗体来中和病毒。

5. 注：PHA 是一种有丝分裂原，主要用于激活淋巴细胞。PHA 是一种干扰素诱导剂，不仅可以刺激机体产生白介素－2 和干扰素，还可以刺激机体产生非特异性抗体。由于其较难提纯，且成本极高，因此一直以来仅在实验室中作为刺激淋巴细胞增殖分化的试剂。

十、致敏 SPA 悬液

1. 成分：冰冻干燥金黄色葡萄球菌 A 蛋白（SPA）1 瓶、去离子水 1mL、特异免疫血清适量、pH7.2 的 PBS 适量、pH7.2 的 0.1% 叠氮化钠的 PBS 适量。

2. 制备：

（1）取冰冻干燥 SPA 1 瓶加去离子水 1mL，待完全溶解后吸入离心管内，并以少量 pH7.2 的 PBS 将瓶内试剂完全冲洗干净，然后一并放入离心管中，3000rpm 离心 30min，弃上清液，用 PBS 洗涤沉淀，然后再次 3000rpm 离心 30min，弃上清液。

（2）向沉淀物中加入 4mL pH7.2 的 PBS 并充分混匀，备用。

（3）将高效价的特异免疫血清做适量稀释后，按适当比例加入上述溶液中，置于 37℃ 水浴锅或恒温培养箱中温育 30min，并不时振摇。

（4）取出离心管，3000rpm 离心 30min，弃上清液，再用 pH7.2 的 PBS 洗涤沉淀，然后再次 3000rpm 离心 30min，弃上清液，重复两次。用含有 0.1% 叠氮化钠的 pH7.2 的 PBS 恢复至原体积，即为标记抗体（致敏）的 SPA 悬液，置于 4℃ 冰箱保存备用，可保存 1 个月左右。

（白大章）

第七章
常用洗涤剂和消毒剂

一、常用洗涤剂

（一）清洁液

清洁液分强液和弱液两种，根据不同用途可自由选择。

1. 成分。

1）强液：重铬酸钾 120g、浓硫酸溶液 160mL、自来水 1000mL。

2）弱液：重铬酸钾 50g、浓硫酸溶液 90mL、自来水 1000mL。

2. 制备：先将重铬酸钾溶于自来水中（可稍微加热以促进溶解），待冷却至室温，缓缓加入浓硫酸溶液（切勿将水加入浓硫酸溶液中，防止稀释放热致液体飞溅），并不断搅拌，否则容易暴沸，造成意外事故。

3. 用途：用于玻璃和聚苯乙烯等器材的清洁处理。

4. 注：

（1）配制时应注意安全，必要时穿戴防护器具，如耐酸腐蚀的手套和围裙、面罩等，并注意保护身体裸露部位。

（2）清洁液有很强的酸性和氧化能力，当玻璃器皿内残留大量有机物时，清洁液中的重铬酸钾将迅速与之反应而失效，因此，各类玻璃器皿需用肥皂水或洗洁精擦洗、自来水冲洗晾干后方可浸入清洁液中。

（3）当附着 Hg^{2+}、Pb^{2+}、Ba^{2+} 的玻璃器皿浸入清洁液时，会形成沉淀物，沉淀物附着在玻璃器皿内壁上难以除去，因此，若玻璃器皿内壁附着上述离子，应先用稀盐酸溶液或稀硝酸溶液处理后方可浸入清洁液中。

（4）新配制的清洁液为红褐色，有很强的去污和腐蚀能力。反复使用多次后逐渐变为绿色，表明清洁液已失效，应重新配制。

（二）乙二胺四乙酸二钠洗液

1. 成分：乙二胺四乙酸二钠 50～100g、去离子水。

2. 制备：称取乙二胺四乙酸二钠溶于去离子水中，加去离子水至 1000mL，使用时加热煮沸。

3. 用途：加热煮沸该洗液可洗脱玻璃器皿内壁的白色沉淀物（钙、镁盐类）和不易溶解的重金属盐类。

（三）草酸洗液

1. 成分：草酸 5g、去离子水。

2. 制备：称取草酸溶于去离子水中，加去离子水至 100mL。大量使用时可以按比例配制。

3. 用途：可除去高锰酸钾的痕迹，若在该洗液中加入少量硫酸，则效果更佳。

（四）硫代硫酸钠洗液

可除去碘液的痕迹，稀酸性硫代硫酸钠溶液还可以除去高锰酸钾的痕迹。

（五）尿素洗液

1. 成分：尿素 450.375g、去离子水。

2. 制备：称取尿素溶于去离子水中，加去离子水至 1000mL。

3. 用途：为蛋白质的良好溶剂，适用于洗涤盛过蛋白质制剂及血样的容器。

（六）有机溶剂

如丙酮、乙醚、酒精溶液、二甲苯等，可用于除去油脂、脂溶性染料的痕迹等，二甲苯还可除去油漆的痕迹。

（七）氢氧化钾的酒精溶液和含有高锰酸钾的氢氧化钠溶液

这是两种强碱性的洗涤液，对玻璃器皿的侵蚀性很强，洗涤时间不宜过长，使用时应小心慎重。

（八）工业浓盐酸溶液

可洗去水垢或某些无机盐沉淀。

（九）5％~10％磷酸钠（$Na_3PO_4 \cdot 12H_2O$）溶液

1. 成分：磷酸钠 5~10g、去离子水。

2. 制备：称取磷酸钠溶于去离子水中，加去离子水至 100mL。

3. 用途：可洗涤油污物。

二、常用消毒剂

（一）5％苯酚水溶液（醇类）

1. 成分：苯酚 5g、去离子水。

2. 制备：称取苯酚溶于去离子水中，加去离子水至 100mL。

3. 用途：用于地面、器具表面的消毒。

（二）0.1％高锰酸钾溶液（氧化剂）

1. 成分：高锰酸钾 0.1g、去离子水。

2. 制备：称取高锰酸钾溶于去离子水中，加去离子水至 100mL。

3. 用途：用于皮肤、尿道消毒，蔬菜、水果消毒。

（三）3％过氧化氢溶液（氧化剂）

1. 成分：30％过氧化氢原液 100mL、去离子水 900mL。

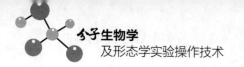

2. 制备：用量筒量取 30％过氧化氢原液、去离子水，混匀即可。

3. 用途：用于深部创伤及外耳道消毒。

4. 注：密闭，避光，低温保存。

（四）5％甲醛溶液（烷化剂）

1. 成分：35％甲醛原液 100mL、去离子水 600mL。

2. 制备：用量筒量取 35％甲醛原液、去离子水，混匀即可。

3. 用途：用于物品表面消毒、空气消毒。

（五）来苏尔（酚类）

1. 成分：来苏尔（含量 48％～52％）2～3mL 或 10～15mL、去离子水 100mL。

2. 制备：用量筒量取来苏尔（含量 48％～52％），再量取热的去离子水，混匀即可。

3. 用途：用于消毒手（用 1％～2％来苏尔）、器械和处理排泄物（用 5％～10％来苏尔）。衣服、被单、室内家具、便器、运输工具等用 1％～3％来苏尔浸泡、擦拭或喷洒。

（六）漂白粉溶液（氧化剂）

1. 成分：漂白粉 10g、去离子水。

2. 制备：称取漂白粉溶于去离子水中，加去离子水至 140mL。

3. 用途：用于地面、厕所与排泄物消毒。

（七）升汞溶液（重金属盐类）

1. 成分：氯化汞 0.1g、浓盐酸溶液 0.2mL、去离子水。

2. 制备：先称取氯化汞溶于浓盐酸溶液中，然后再加入去离子水至 100mL。

3. 用途：用于非金属器皿消毒。

（八）0.25％新洁尔灭（表面活性剂）

1. 成分：5％新洁尔灭 50mL、去离子水 950mL。

2. 制备：用量筒量取 5％新洁尔灭、去离子水，混匀即可。

3. 用途：用于黏膜和皮肤消毒、术前洗手、浸泡器械。

（九）75％酒精溶液（醇类）

1. 成分：95％酒精溶液 75mL、去离子水 20mL。

2. 制备：用量筒量取 95％酒精溶液、去离子水，混匀即可。

3. 用途：用于皮肤、体温计、手术器械等的消毒。

（十）紫药水（染料）

1. 成分：甲紫 10g、酒精溶液、去离子水。

2. 制备：称取甲紫，加入酒精溶液溶解，然后将去离子水加至 1000mL。

3. 用途：是常用的皮肤黏膜消毒剂，具有较强的杀菌及收敛作用。主要用于浅表创面、溃疡、皮破化脓、疮面糜烂、鹅口疮、舌炎等，也可用于小面积的烧伤，但不能内服。

（贺亚玲）

第八章
临床常见细菌的菌种保存

一、常用方法

菌种保存方法多种多样，但基本都是根据低温、干燥和隔绝空气的原则而设计的，这些都是使微生物代谢能力减弱的重要因素。微生物具有容易变异的特性，因此，在保存过程中，必须使微生物的代谢处于不活跃或相对静止的状态，才能在一定的时间内使其不发生变异而又保持生活能力。

菌种保存常用方法有以下几种：

1）液体石蜡覆盖保存法：是传代培养的变相方法，能够适当延长保存时间。该方法在斜面培养物和穿刺培养物上面覆盖灭菌的液体石蜡，一方面可防止因培养基水分蒸发而引起菌种死亡，另一方面可阻止氧气进入，以减弱代谢能力。常见为甘油液体保存法、液体石蜡保存法。

2）传代培养保存法：包括斜面培养、穿刺培养、疱肉培养基培养等（后者作保存厌氧细菌用），培养后于 4~6℃冰箱内保存。常见为半固体保存法、疱肉培养基保存法、商品化菌种保存管保存法、湿牛奶保存法、斜面低温保存法、血平板保存法、去离子水保存法。

3）寄主保存法：用于保存目前尚不能在人工培养基上生长的微生物，如病毒、立克次体、螺旋体等，它们必须在动物、昆虫、鸡胚内感染并传代，此法相当于一般微生物的传代培养保存法。病毒等微生物亦可用其他方法如液氮保存法与冷冻干燥保存法进行保存。

4）载体保存法：是将微生物吸附在适当的载体，如土壤、沙子、硅胶、滤纸上，然后进行干燥的保存法，如沙土保存法和滤纸保存法，该方法应用得相当广泛。常见为沙土保存法、滤纸保存法、砂土管保存法。

5）冷冻保存法：可分低温冰箱（−30~−20℃，−80~−50℃）保存、干冰酒精快速冻结（−70℃左右）保存和液氮（−196℃）等保存法。常见为细菌鉴定卡保存法、液氮冷冻保存法。

6）冷冻干燥保存法：先使微生物在极低温度（−70℃左右）下快速冷冻，然后在减压下利用升华现象除去水分（真空干燥）。常见为冷冻真空干燥保存法。

有些方法，如载体保存法、冷冻保存法和冷冻干燥保存法等需使用保护剂来制备细胞悬液，以防止冷冻或水分不断升华对细胞产生损害。保护剂有牛乳、血清、糖类、甘

油、二甲亚砜等。

二、菌种、培养基、试剂、器材

1）菌种：细菌、酵母菌、放线菌和霉菌。

2）培养基和试剂：肉膏蛋白胨斜面培养基，灭菌脱脂牛乳、灭菌水、化学纯的液体石蜡、甘油、五氧化二磷、河沙、瘦黄土或红土、冰块、食盐、干冰、95％酒精溶液、10％盐酸、无水氯化钙等。

3）器材：灭菌吸管、灭菌滴管、灭菌培养皿、管状安瓿管、泪滴型安瓿管（长颈球形底）、冷冻槽、40目与100目筛子、油纸、滤纸条（0.5cm×1.2cm）、干燥瓶、真空泵、真空压力表、煤气喷灯、L形五通管、冰箱、低温冰箱（-30℃）、液氮冷冻保藏器等。

三、操作步骤、应用范围及优缺点

下列各法可根据实验室具体条件与需要选做。

（一）半固体保存法

1）用途：适用于抵抗力较强、对营养要求不高的细菌（如金黄色葡萄球菌、大肠埃希菌、志贺菌、沙门菌、霍乱弧菌、变形杆菌、铜绿假单胞菌等）。

2）优缺点：

（1）优点是制作简单，不需特殊设备，且不需经常移种，效果较好。

（2）缺点是保存时必须直立放置，所占位置较大，同时也不便携带。

3）方法：

（1）用穿刺接种法将细菌接种于半固体培养基内（对于一些营养要求高的细菌可以加入新鲜全血），置于恒温培养箱培养18~24h。

（2）在表面加上一层无菌液体石蜡，厚度约1cm，4℃冰箱中保存。

（3）传代时应先将试管倾斜，使液状石蜡留置一边，再用接种环取菌接种于新鲜培养基上。

4）保存时间：一般细菌可保存3~6个月。

（二）甘油液体保存法

1）用途：用于保存大多数细菌，如军团菌、金黄色葡萄球菌、枯草杆菌、绿脓杆菌、痢疾杆菌、伤寒杆菌（TO、TH）、甲型副伤寒杆菌、变形杆菌、产碱杆菌、大肠埃希菌、炭疽杆菌、卡他球菌等。

2）优缺点：

（1）优点是方法较简单，不用经常传代，菌种不易变异或污染，保存时间较长。

（2）缺点是因为甘油具有脱水作用，浓度过高会使菌种脱水死亡，浓度过低及低温保存时易结冰，使菌种死亡，所以要掌握好甘油的浓度，一般10％~50％，要根据具体情况来定。

3）方法：

（1）将欲保存的菌种接种于适宜的液体培养基（肉汤或血清肉汤培养基），按菌种生长要求，在适宜的气体条件及温度下孵育过夜或更长时间，直至生长良好。

（2）取培养物与保存液混匀，装入已做好标记的带螺旋盖的菌种保存管，每管约0.2mL，盖紧，立即放入−20℃冰箱。次日每个菌种取一管熔化，接种于适宜培养基，确定生长良好且无污染，所余各管即可长期保存。保存过程中切忌熔化，也可保存于−70℃冰箱。

其中保存液的配方如下：

①配方一：甘油（分析纯）80mL、生理盐水20mL，混匀，121.3℃（103.43kPa）高压灭菌15~20min。

②配方二：磷酸氢二钾12.6g、柠檬酸钠0.98g、七水硫酸镁0.18g、磷酸二氢钾3.6g、甘油88g，加去离子水至1000mL，混匀，121.3℃（103.43kPa）高压灭菌15~20min，用此配方制备时培养物与保存液的比例为1∶1。

4）保存时间：一般细菌可保存数年。

（三）冷冻真空干燥保存法

1）用途：

（1）此法为菌种保存方法中有效的方法之一，对一般生命力强的微生物及其孢子、无芽胞菌都适用，即使对一些很难保存的致病菌，如脑膜炎球菌与淋病球菌等亦能保存。

（2）适合于有条件的实验室对菌种的长期保存。此方法是目前保存菌种的最佳方法，主要用于保存抵抗力差、对营养要求比较高、容易死亡的菌种，如肺炎链球菌、奈瑟菌属、百日咳鲍特菌、流感嗜血杆菌等。这些菌种如果用血斜面、半固体、血清斜面等方法保存，则需要每1~2周传代移种1次，否则培养基一经干燥，营养成分因消耗而减少，菌种就会死亡。而且传代移种太频繁，菌种变异的概率会增高。

2）优缺点：

（1）优点。

①适用范围广，除少数不产生孢子只产生菌丝体的丝状真菌不宜采用此方法保存外，其他各大类微生物，如细菌、放线菌、酵母菌、丝状真菌及病毒均可采用此方法保存。

②保存期长，一般可保存十年以上，成活率高。

③不易变性、不易污染。

④便于携带运输，易实现商品化生产。

（2）缺点是保存时需要专用仪器，一般实验室难以配备，而且过程复杂，操作难度大，需要较长时间才能完成。

3）方法：

（1）方法一。

①准备安瓿管，用于冷冻真空干燥菌种保存的安瓿管宜采用中性玻璃制造，形状可为长颈球形底，亦称泪滴型安瓿管。大小要求：外径6.0~7.5mm，长105mm，球部直径9~11mm，壁厚0.6~1.2mm。也可用没有球形底的管状安瓿管。塞好棉塞，1.05kg/cm²、121.3℃灭菌30min，备用。

②准备菌种，用此方法保存的菌种，其保存期可达数年至数十年，为了在许多年后不出差错，要特别注意菌种纯度，即不能有杂菌污染。在最适培养基中用最适温度培养出良好的培养物。细菌和酵母的菌龄要求超过对数生长期，若用对数生长期的细菌和酵母进行保存，其存活率反而降低，细菌要求 24~48h 的培养物，酵母需培养 3d。形成孢子的微生物宜保存孢子。放线菌与丝状真菌需培养 7~10d。

③制备菌悬液与分装，以细菌斜面为例，用脱脂牛乳 2mL 左右加入斜面试管中，制成菌悬液，每支安瓿管分装约 0.2mL。

④冷冻，冷冻干燥器有成套的装置出售，价格昂贵，此处介绍的是简易方法与装置，可达到同样的目的。将分装好菌悬液的安瓿管放低温冰箱中冷冻，无低温冰箱可用冷冻剂如干冰（固体二氧化碳）酒精液或干冰丙酮液进行冷冻，温度可达 -70℃。将安瓿管插入冷冻剂中，只需 4~5min，即可使菌悬液结冰。

⑤真空干燥，为在真空干燥时使菌悬液保持冷冻状态，需准备冷冻槽，槽内放碎冰块与食盐，混合均匀，可冷至 -15℃。安瓿管放入冷冻槽中的干燥瓶内。抽气，一般若在 30min 内能达到 93.3Pa（0.7mmHg）真空度，则菌悬液不致熔化，继续抽气，几小时内肉眼可观察到菌悬液已趋干燥，一般保持真空度 26.7Pa（0.2mmHg）6~8h 即可。

⑥封口抽真空干燥后，取出安瓿管，接在封口用的玻璃管上，可用 L 形五通管继续抽气，约 10min 真空度即可达到 26.7Pa（0.2mmHg）。于真空状态下，以煤气喷灯的细火焰在安瓿管颈中央进行封口。封口以后保存于冰箱或室温暗处。

（2）方法二（简易方法）。

①将细菌接种于生长良好的培养基上，37℃恒温培养箱 18h 后，用无菌新鲜脱脂牛乳洗下菌苔，然后用无菌毛细滴管吸取菌悬液滴入菌种管球部，管球部约有一半的菌悬液，加好塞子。注意在管口抽取少许棉花塞入管内细颈处。

②放入 -40℃冰箱速冻 40min，再放入准备好的混有食盐的冰中，接上真空泵，真空抽干至粉末状，火焰封口，贴上标签，保存于 -40℃冰箱中。

4）保存时间：一般细菌可以保存 10 年以上，最长可达 15 年。

（四）滤纸保存法

1）用途：细菌、酵母菌、丝状真菌均可用此方法保存。此方法适合实验室中一些对营养要求不高的菌种进行较长时间的保存。

2）优缺点：

（1）优点是操作较冷冻真空干燥保存法简便，不需要特殊设备，经济实用，保存空间小，而且保存时间至少 2 年。

（2）缺点是对一些对营养要求比较高的菌种，存活率不理想。此方法虽比半固体保存法保存菌种的存活率高，但对于营养要求高的菌种，如乙型溶血性链球菌等采用此方法保存，存活率不理想。

3）方法：

（1）方法一。

①将新华定性滤纸剪成 0.5cm×1.2cm 的小条，装入 0.6cm×8.0cm 的安瓿管中，

每管 1～2 张，塞以棉塞，1.05kg/cm²、121.3℃灭菌 30min。

②将需要保存的菌种在适宜的斜面培养基上培养，使其充分生长。

③取无菌脱脂牛乳 1～2mL 滴在灭菌培养皿或试管内，取数环菌苔在牛乳内混匀，制成浓菌悬液。

④用灭菌镊子自安瓿管取滤纸条浸入菌悬液内，使其吸饱，再放回至安瓿管中，塞上棉塞。

⑤将安瓿管放入内有五氧化二磷作吸水剂的干燥器中，用真空泵抽气至干。

⑥将棉花塞入管内，用火焰熔封，保存于低温下。

⑦若需要使用菌种，复活培养时，可将安瓿管口在火焰上烧热，滴一滴冷水在烧热的部位，使玻璃破裂，再用镊子敲掉口端的玻璃，待安瓿管开启后，取出滤纸，放入液体培养基内，置恒温培养箱中培养。

（2）方法二。

①将新华定性滤纸剪成 4mm×4mm 大小，与 1.5mL 带盖离心管同时消毒灭菌后备用。

②将待保存菌种在平板上分纯后，用消毒小钳子钳取上述灭菌后的滤纸片于平板上刮取，每片刮取 2～3 个菌落。放于离心管内，加好盖子，再用封口胶布将盖边缘封好，贴上标签，置于－30℃或－70℃冰箱保存。

4）保存时间：细菌、酵母菌可保存 2 年左右，有些丝状真菌可保存 14～17 年之久。

（五）疱肉培养基保存法

1）用途：此方法适用于保存专性厌氧菌，如破伤风梭菌和产气荚膜梭菌等。

2）优缺点：优点是保存专性厌氧菌较好。缺点是保存菌种的类型单一。

3）方法：

（1）疱肉培养基指将牛肉渣装于长试管中，牛肉渣约 3cm 高，并加入牛肉汤至高出牛肉渣 1 倍，经高压灭菌后即可。

（2）将分纯的待保存菌种接种于疱肉培养基上，经 37℃培养 2～7d，待充分形成芽胞后，在无菌条件下加入无菌石蜡（最好选用固体石蜡封住试管口形成厌氧环境，这样易取菌种），置 4℃冰箱保存，每 3 个月传代一次。

4）保存时间：一般可保存 3 个月。

（六）沙土保存法

1）用途：此法多用于能产生孢子的微生物，如霉菌、放线菌。

2）优缺点：

（1）优点是在抗生素工业生产中应用最广，效果亦好，可保存 2 年左右。

（2）缺点是应用于营养细胞效果不佳。

3）方法：

（1）取河沙加入 10％盐酸溶液，加热煮沸 30min，以去除其中的有机物质。

（2）倒去 10％盐酸溶液，用自来水冲洗至中性。

（3）烘干，用 40 目筛子过筛，以去掉粗颗粒，备用。

（4）另取非耕作层的不含腐殖质的瘦黄土或红土，加自来水浸泡洗涤数次，直至中性。

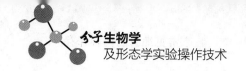
分子生物学
及形态学实验操作技术

（5）烘干，碾碎，通过 100 目筛子过筛，以去除粗颗粒。

（6）按 1 份瘦黄土或红土、3 份河沙的比例（或根据需要用其他比例）装入 10mm×100mm 的小试管或安瓿管中，制成沙土管，每管装 1g 左右，塞上棉塞，灭菌，烘干。

（7）抽样进行无菌检查，每 10 支沙土管抽一支，将沙土倒入肉汤培养基中，37℃培养 48h，若仍有杂菌，则需全部重新灭菌，再做无菌试验，直至证明无菌，方可备用。

（8）选择培养成熟的优良菌种（一般指孢子层生长丰满的菌种，营养细胞用此法效果不好），以无菌水洗下，制成孢子悬液。

（9）于每支沙土管中加入约 0.5mL（一般以刚刚使沙土润湿为宜）孢子悬液，以接种针拌匀。

（10）放入真空干燥器内，用真空泵抽干水分，抽干时间越短越好，务必在 12h 内抽干。

（11）每 10 支沙土管抽取 1 支，用接种环取出少数沙粒，接种于斜面培养基上，进行培养，观察生长情况和有无杂菌生长，若出现杂菌或菌落数很少或根本不生长，则说明制作的沙土管有问题，需进一步抽样检查。

（12）若经检查没有问题，用火焰熔封管口，放冰箱或室内干燥处保存。每半年检查一次活力和杂菌情况。

（13）若需要使用菌种，复活培养时，取沙土少许移入液体培养基内，置恒温培养箱中培养。

4）保存时间：可保存 2 年左右。

（七）砂土管保存法

1）用途：此法多用于梭状芽胞杆菌和部分霉菌的保存。

2）优缺点：

（1）优点是适用于梭状芽胞杆菌和部分霉菌的保存。

（2）缺点是操作比较麻烦。

3）方法：

（1）取清洁的海沙，用 1mol/L 的氢氧化钠溶液清洗，然后再用 1mol/L 的盐酸溶液清洗，最后用流水清洗。

（2）分装于试管，2~3cm 高，加热灭菌，加入细菌肉汤幼龄培养液 1mL 左右与砂土混匀，置于真空干燥管内干燥，待完全干燥后熔封保存。

4）保存时间：可保存数年。

（八）商品化菌种保存管保存法

1）用途：适用于大部分细菌的保存。

2）优缺点：

（1）优点是操作简易，保存时间长。

（2）缺点是成本相对较高。

3）方法：每管中含 20~25 颗小瓷珠以及适量缓冲液，使用时将菌种挑入缓冲液中，混匀，将缓冲液吸去，置于 −20℃ 或 −70℃ 冰箱保存。

4）保存时间：一般细菌−20℃保存可存活 2~3 年，−70℃冰箱保存可存活十年以上。

（九）湿牛奶保存法

1）用途：适合对实验室菌种进行较长时间的保存。

2）优缺点：

（1）优点是操作比较简便，不需要特殊设备，不需要花费很多时间，而且菌种保存时间大约为 3 年，不易变性，也不容易污染。

（2）缺点是成本相对较高。

3）方法：

（1）将菌种接种于生长良好的培养基上，分纯后经 37℃恒温培养箱培养 18~24h。

（2）用无菌新鲜脱脂牛乳洗下菌苔，然后用无菌毛细滴管吸取菌悬液滴入菌种管球部，管球部约有一半的菌悬液，之后火焰封口，−20℃冰箱保存。

4）保存时间：一般细菌可保存 3 年以上，比较脆弱的细菌也可保存 2 年以上。

（十）细菌鉴定卡保存法

1）用途：本法适用于使用 VITEK 全自动微生物鉴定仪的实验室进行常规大量菌种保存。

2）优缺点：

（1）优点是既不需要特殊设备，又不受反复转种影响，因而菌种生物学特性不易发生变异，细菌的耐药谱也基本保持不变。

（2）缺点是需要购买 VITEK 全自动微生物鉴定仪，操作也需要在 VITEK 全自动微生物鉴定仪实验室进行。

3）方法：

（1）将鉴定卡标注后直接置于−20℃冰箱保存。

（2）复苏时将鉴定卡直接从−20℃移至 35℃，待小孔内液体完全熔化后，以无菌手法用注射器抽吸阳性生长孔内的液体点种于合适平板，置于 35℃恒温培养箱内 24~48min 即可。

鉴定卡内的细菌反复冻融 5 次，分离出的细菌效果相同。

4）保存时间：葡萄球菌属、肠杆菌属、念珠菌属细菌存活时间不少于 29 个月。肠球菌属、黄杆菌属、不动杆菌属细菌存活时间不少于 21 个月。链球菌属细菌和假单胞菌存活时间不少于 10 个月。

（十一）斜面低温保存法

1）用途：此法为实验室和工厂菌种室常用的保存法，适合实验室中对短期实验菌种的保存。

2）优缺点：

（1）优点是操作简单，使用方便，不需特殊设备，能随时检查所保存的菌株是否死亡、变异，是否存在污染杂菌等，是实验室菌种保存常用的方法。

（2）缺点是保存时间短，一般每个月要移种 1 次（沙保弱斜面培养基保存的真菌可每 3 个月传代 1 次），而且菌种容易变异，因为培养基的物理、化学特性不是严格恒定的，屡

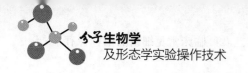

次传代会使菌种的代谢活性发生改变，从而影响菌种的性状，污染杂菌的机会亦较多。

3）方法：

（1）将分纯的待保存菌种接种在适宜的固体斜面培养基上，置于37℃恒温培养箱培养18~24h后，用灭菌固体石蜡熔封（试管塞应为橡胶塞），或者用封口膜将其封口，移至4℃或−20℃的冰箱中保存。

（2）此法常用的斜面培养基有普通琼脂斜面培养基、沙保弱斜面培养基和血液琼脂斜面培养基，葡萄球菌、肠道杆菌等对营养要求不高的一般细菌可接种于普通琼脂斜面培养基上，对营养要求高的细菌可接种于血液琼脂斜面培养基上，真菌则接种于沙保弱斜面培养基上。

4）保存时间：一般细菌可保存1~3个月。保存时间依菌种的种类不同而不同。霉菌、放线菌及有芽胞的细菌2~4个月移种一次，酵母菌2个月移种一次，细菌最好每月移种一次。

（十二）血平板保存法

1）用途：适用于多数细菌的保存，尤其是对营养要求高的细菌。

2）优缺点：

（1）优点是使用比较方便，可用于对营养要求高的细菌（如肺炎链球菌、脑膜炎奈瑟菌、淋病奈瑟菌、白喉棒状杆菌等）。

（2）缺点是保存时间不长，易污染杂菌，反复传代容易发生变异。

3）方法：将分纯的待保存菌种接种于血平板培养基上，经37℃ 18~24h的培养后，置于4℃的冰箱中保存。

4）保存时间：因为血平板培养基易干燥，所以需每月移种一次，肺炎链球菌则需4d移种一次。

（十三）液氮冷冻保存法

1）用途：此法除适宜于一般菌种的保存外，对一些用冷冻真空干燥保存法都难以保存的菌种亦可长期保存。

2）优缺点：

（1）优点是对一些用冷冻干燥保存法都难以保存的菌种如支原体、衣原体、氢细菌、难以形成孢子的霉菌、噬菌体及动物细胞均可长期保存，而且性状不变异。

（2）缺点是需要特殊设备。

3）方法：

（1）方法一。

①准备安瓿管，用于液氮保存的安瓿管，要求能耐受温度突然变化而不致破裂，因此，需要采用硼硅酸盐玻璃制造的安瓿管。安瓿管的大小通常为75mm×10mm，或能容1.2mm液体。

②加保护剂与灭菌，保存细菌、酵母菌或霉菌孢子等容易分散的细胞时，将空安瓿管塞上棉塞，1.05kg/cm²、121.3℃灭菌15min。若保存霉菌菌丝体，则需在安瓿管内预先加入保护剂，如10%甘油去离子水溶液或10%二甲亚砜去离子水溶液，加入量以

能浸没以后加入的菌种为限，然后用 1.05kg/cm^2、121.3℃灭菌 15min。

③接入菌种，将菌种用 10％甘油去离子水溶液制成菌悬液，装入已灭菌的安瓿管。霉菌菌丝体则可用灭菌打孔器，从平板内切取菌落圆块，放入含有保护剂的安瓿管内，然后用火焰封口。浸入水中检查有无漏洞。

④冻结，再将已封口的安瓿管以每分钟下降 1℃的方式慢速冻结至−30℃。若细胞急剧冷冻，则在细胞内会形成结晶，从而降低存活率。

⑤保存，将冻结至−30℃的安瓿管立即放入液氮冷冻保藏器的小圆筒内，然后再将小圆筒放入液氮冷冻保藏器内。液氮冷冻保藏器内的气相为−150℃，液态氮内为−196℃。

⑥恢复培养保藏的菌种，将安瓿管取出，立即放入 38～40℃的水浴中进行急剧解冻，直到全部熔化为止。再打开安瓿管，将内容物移入适宜的培养基上培养。

（2）方法二。

①将培养 18～24h 的菌苔洗下，置于无菌脱脂牛乳中，制成菌悬浊液，按湿牛奶保存法分装于无菌安瓿管。

②用喷灯封安瓿口，并将封后的安瓿管浸入 4℃有色液体中浸泡 30min，明确熔封时再冷冻。

③冷冻时先将安瓿管放入 4℃冰箱中 1h，再置于−30℃～−20℃低温冰箱中冻结 30min，然后置于−196℃液氮中保存。

④菌种使用时，先将从液氮中取出的安瓿管浸入 30～40℃水浴中迅速解冻，再打开安瓿管，取出菌液接种。

4）注：在液氮中取放安瓿管时，小心取放，小心爆炸。

5）保存时间：一般细菌可以保存数年。

（十四）液体石蜡保存法

1）用途：此法实用且效果好，用于保存霉菌、放线菌、酵母菌等。

2）优缺点：

（1）优点是制作简单，不需要特殊设备，且不需经常移种。

（2）缺点是保存时必须直立放置，所占位置较大，同时也不便携带。从液体石蜡下面取菌种移种后，接种环在火焰上烧灼时，菌种容易与残留的液体石蜡一起飞溅，应特别注意。

3）方法：

（1）将液体石蜡分装于三角烧瓶内，塞上棉塞，并用牛皮纸包扎，1.05kg/cm^2、121.3℃灭菌 30min，然后放在 40℃恒温培养箱中，使水汽蒸发，备用。

（2）将待保存菌种置于适宜的斜面培养基中培养。

（3）用灭菌吸管吸取灭菌的液体石蜡，注入已长好菌的斜面上，其用量以高出斜面顶端 1cm 为准，使菌种与空气隔绝。

（4）将试管直立，置低温或室温下保存（有的菌种在室温下比冰箱中保存的时间还要长）。

4）保存时间：霉菌、放线菌、芽胞细菌可保存 2 年以上，酵母菌可保存 1～2 年，

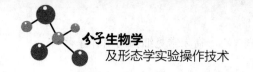
分子生物学
及形态学实验操作技术

一般无芽胞细菌也可保存 1 年左右，甚至用一般方法很难保存的脑膜炎球菌，在 37℃ 恒温培养箱内，亦可保存 3 个月之久。

（十五）去离子水保存法

1）用途：适合实验室菌种的长期保存。

2）优缺点：

（1）优点是制作简单，不需要特殊设备，且不需要经常移种，而且可以保存数年。

（2）缺点是保存时需要将其直立放置。

3）方法：将细菌接种于斜面培养基中，37℃恒温培养箱培养 18h 后，取灭菌去离子水 6~7mL 加于斜面培养基试管内，用吸管研磨冲洗，洗下斜面培养基上的菌苔，充分混匀，将此菌液分装于灭菌的螺旋小瓶中，或用胶塞密封，贴上标签，置于 4℃ 冰箱中保存。

4）保存时间：一般细菌可保存数年。

（白大章　贺亚玲）

第九章
玻璃器皿的洗涤

实验室所用的玻璃器皿清洁与否,直接影响实验结果。不洁器皿将会造成较大的实验误差。因此,玻璃器皿的洗涤是一项非常重要的工作。清洁的玻璃器皿是确保实验结果无误的重要条件之一,由于实验目的不同,对各种玻璃器皿的清洁程度要求不同,掌握各种玻璃器皿的洗涤方法,对保证实验结果的准确性和可靠性至关重要。洗净的玻璃器皿要求倒置时其内壁无挂珠现象,干燥后内、外壁洁净而无污物痕迹。下面简要介绍常用玻璃器皿的几种洗涤方法及其干燥方式。

一、洗涤方法

1. 常用玻璃器皿的洗涤:三角烧瓶、培养皿、烧杯、试管、量筒、漏斗等未被特殊污染的玻璃器皿,在使用后应将其盛放的液体废弃物及时倒入污水处理口或固体废弃物及时倒入固体废弃物收集容器。然后先用自来水简单冲洗一下,再用温肥皂水或去污粉热水刷洗,刷洗完毕后用自来水冲洗干净,最后用去离子水冲洗三遍,并检查玻璃器皿内壁,要求无挂珠现象。倒置晾干或 70~80℃烘干备用。移液管及滴管可先用自来水冲洗后置于 2%盐酸酒精溶液中浸泡数十分钟,然后用自来水冲洗,最后用去离子水冲洗 2~3 次,倒置晾干或 100℃烘干备用。

2. 新购置玻璃器皿的洗涤。

(1) 新购置的玻璃器皿含游离碱,一般应先在 2%盐酸酒精溶液中浸泡数小时,然后用自来水洗净,去离子水冲洗;或在肥皂水、洗涤灵稀释液中煮沸 30~60min,然后用清水清洗,去离子水冲洗;或先放入热水中浸泡,然后再用温肥皂水或去污粉热水刷洗,最后用自来水洗净,去离子水冲洗。

(2) 新购置的载玻片或盖玻片应先在 2%盐酸酒精溶液或温肥皂水、洗涤灵稀释液中浸泡 1h,再用自来水清洗,最后用去离子水冲洗干净后斜置晾干或以软布擦干后浸泡于含 2%盐酸酒精溶液中,使用时从溶液中取出玻片,然后用火焰烧去酒精即可。

3. 被油渍污染的玻璃器皿要求单独清洗。

(1) 被石蜡、凡士林等油渍污染的器皿,在清洗前需先进行去油渍处理,即将玻璃器皿倒扣于具有强吸水力的多层滤纸上,置于 100℃的烘箱中烘烤半小时,使油脂熔化并由滤纸吸附,然后再将其置于碱性溶液中煮沸并趁热刷洗,即可除去油脂。然后再按照常规洗涤方法对玻璃器皿进行洗涤即可。

(2) 培养用的培养瓶在未洗刷前先置于 10%氢氧化钠溶液中浸泡 30min 或置于 5%

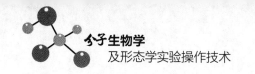
碳酸氢钠溶液中煮沸两次，然后用洗涤剂和热自来水刷洗，最后用去离子水冲洗干净，并检查有无挂珠现象。

（3）滴管可先置于10％氢氧化钠溶液中浸泡30min，然后再按培养瓶的清洗方式清洗。

4.细菌污染玻璃器皿的清洗。

（1）载玻片或盖玻片的清洗：先将其置于5％苯酚水溶液、2％来苏尔或1∶50稀释的新洁尔灭溶液中浸泡1h。然后将其取出置于10％氢氧化钠溶液中浸泡30min或置于5％碳酸氢钠溶液中煮沸两次，再用洗涤剂和热自来水刷洗，最后用去离子水冲洗干净。

（2）移液管和滴管：先将其置于5％苯酚水溶液、2％来苏尔或1∶50稀释的新洁尔灭溶液中浸泡数小时。经高压灭菌后将其上端填塞的棉花取出并置于10％氢氧化钠溶液中浸泡30min或置于5％碳酸氢钠溶液中煮沸两次，再用洗涤剂和热自来水刷洗，最后用去离子水冲洗干净。

（3）其他玻璃器皿的清洗：培养皿、试管、三角烧瓶应先经过高压灭菌后倒去废弃物。若废弃物为致病性微生物，废弃物切勿直接倒入下水道，应当作医疗废弃物进行妥善处理。若废弃物为非致病性微生物，液体可直接倒入污水处理口，固体则需倒入固体废弃物收集容器。然后将其置于10％氢氧化钠溶液中浸泡30min或置于5％碳酸氢钠溶液中煮沸两次，再用洗涤剂和热自来水刷洗，最后用去离子水冲洗干净。

5.血、尿污染玻璃器皿的清洗。

（1）试管的清洗：先将试管中所含的血液或尿液样本倒入盛有2％次氯酸溶液的容器中，然后用自来水冲洗2～3遍，浸泡于重铬酸钾清洁液中过夜，次日按照常规洗涤方法对试管进行洗涤即可。

（2）吸管、滴管的清洗：使用后应立即放在盛有消毒液（如过氧乙酸）的玻璃筒内浸泡，次日取出自来水冲洗，沥干后，浸泡于重铬酸钾清洁液中过夜，次日按照常规洗涤方法对试管进行洗涤即可。

6.血清堵塞刻度吸管的清洗：将吸管放入7.5mol/L的尿素洗液中浸泡数小时，以除去黏附在器皿内、外壁上的血液或蛋白质，然后再按照常规洗涤方法对玻璃器皿进行洗涤即可。

7.染料污染玻璃器皿的清洗：玻璃器皿使用后应及时用自来水冲洗，然后再置于重铬酸钾清洁液或稀盐酸溶液中浸泡可以除去染料污染，如使用3％盐酸酒精溶液，清洗效果更好。然后再按照常规洗涤方法对玻璃器皿进行洗涤即可。

8.微量元素测定玻璃器皿的清洗：用于微量元素测定的玻璃器皿要求单独清洗。首先用稀硝酸溶液浸泡，再用去离子水冲洗干净。然后再按照常规洗涤方法对玻璃器皿进行洗涤即可。

二、干燥方式

1.自然干燥：这是一种常用而简单的方法，适用于不急于使用的玻璃器皿，如量杯、量筒、容量瓶、滴定管、吸量管、烧杯、三角烧瓶、培养瓶（皿）、玻片等，洗净后倒挂于专用架子上或斜靠在洁净区域，在室温下自然干燥。

2. 烘烤干燥：除高温易使玻璃变形而改变容积的量器，或玻璃壁厚薄不等、结构复杂的器皿外，其他玻璃器皿都可以置于100℃左右的烘箱中烘烤干燥，如烧杯、烧瓶、三角烧瓶、试剂瓶等，同时亦可以选择室温下自然干燥。

（贺亚玲）

参考文献

[1] 袁俐. 病原生物学与免疫学实验教程 [M]. 乌鲁木齐：新疆科学技术出版社，1999.

[2] 魏群. 分子生物学实验指导 [M]. 北京：高等教育出版社，1999.

[3] 谢菁. 医学细胞生物学及遗传学实验指导 [M]. 乌鲁木齐：新疆科学技术出版社，2003.

[4] 刘辉. 临床免疫学与检验实验指导 [M]. 3 版. 北京：人民卫生出版社，2007.

[5] 吴晓蔓. 临床检验基础实验指导 [M]. 3 版. 北京：人民卫生出版社，2007.

[6] 吴爱武. 临床微生物学与检验实验指导 [M]. 3 版. 北京：人民卫生出版社，2007.

[7] 刘辉. 临床免疫学检验实验指导 [M]. 4 版. 北京：人民卫生出版社，2011.

[8] 吴晓蔓. 临床检验基础实验指导 [M]. 4 版. 北京：人民卫生出版社，2011.

[9] 吴爱武. 临床微生物学检验实验指导 [M]. 4 版. 北京：人民卫生出版社，2011.

[10] 吕国蔚，李云庆. 神经生物学实验原理与技术 [M]. 北京：科学出版社，2011.

[11] 付玉荣，张文玲. 临床微生物学检验实验 [M]. 武汉：华中科技大学出版社，2013.

[12] 刘辉. 临床免疫学检验技术实验指导 [M]. 北京：人民卫生出版社，2015.

[13] 骆利群. 神经生物学原理 [M]. 李沉简，李芃芃，高小井，等译. 北京：高等教育出版社，2018.

[14] M. R. 格林，J. 萨姆布鲁克. 分子克隆实验指南 [M]. 4 版. 贺福初，主译. 北京：科学出版社，2017.

[15] 白大章，全仁哲. 黑腿星翅蝗（*Calliptamus barbarus*）消化道组织结构观察 [J]. 兵团教育学院学报，2010，20 (1)：50−52.

[16] 白大章，李桂芳，董慧芹，等. 中国美利奴免疫 MHC Class Ⅱ b 区 349I12 BAC 克隆插入片段基因组成与结构分析 [J]. 西北农业学报，2011，20 (8)：6−11.

[17] BAI DZ, YIN P, ZHANG YR, et al. Lack of association of somatic CAG repeat expansion with striatal neurodegeneration in HD knock−in animal models [J]. Hum Mol Genet，2021，30 (16)：1497−1508.

[18] YIN P, BAI DZ, DENG FY, et al. SQSTM1 − mediated clearance of cytoplasmic mutant TARDBP/TDP−43 in the monkey brain [J]. Autophagy,

2022，18（8）：1955－1968.

［19］李凡，徐志凯. 医学微生物学［M］. 9 版. 北京：人民卫生出版社，2018.

［20］刘康美，杨晓慧，苏毅严. 希夫试剂配制方法的探讨［J］. 西安联合大学学报，2004，7（5）：50－52.

［21］任成林. 加速苏木精染色液"成熟"的比较试验［J］. 吉林畜牧兽医，1995（1）：35－36.

附录 1
实验常用菌种名录

中文名	外文名
白喉棒状杆菌	*C. diphtheriae*
白假丝酵母菌	*C. albicans*
产气荚膜梭菌	*C. perfringens*
草绿色链球菌	*V. streptococcus*
大肠埃希菌	*E. coli*
放线菌	*Actinomycetes*
肺炎链球菌	*S. pneumoniae*
福氏志贺菌	*S. flexneri*
腐生葡萄球菌	*S. saprophyticus*
副流感嗜血杆菌	*H. parainfluenzae*
化脓性链球菌	*S. pyogenes*
霍乱弧菌	*V. cholera*
甲型溶血性链球菌	*α－hemolytic streptococcus*
结核分枝杆菌	*M. tuberculosis*
金黄色葡萄球菌	*S. aureus*
枯草芽胞杆菌	*B. subtilis*
蜡状芽胞杆菌	*B. cereus*
痢疾杆菌	*D. bacterium*
痢疾志贺菌	*S. dysenteriae*
链球菌	*Streptococcus*
淋病奈瑟菌	*N. gonorrhoeae*
淋球菌	*Gonococcus*
流感嗜血杆菌	*H. influenzae*
耐甲氧西林金黄色葡萄球菌	*Methicllin－resistant S. aureus*, MRSA
脑膜炎奈瑟菌	*N. meningitidis*

中文名	外文名
脑膜炎球菌	*Meningococcus*
破伤风梭菌	*C. tetani*
葡萄球菌	*Staphylococcus*
普通变形杆菌	*P. vulgaris*
奇异变形杆菌	*P. mirabilis*
肉毒梭菌	*C. botulinum*
伤寒沙门菌	*S. typhi*
鼠疫耶尔森菌	*Y. pestis*
双歧杆菌	*Bifidobacterium*
双球菌	*Diplococcus*
宋内志贺菌	*S. sonnei*
无乳链球菌	*S. agalactiae*
新型隐球菌	*C. neoformans*
幽门螺杆菌	*H. pylori*
真菌	*Fungus*
猪布鲁氏菌	*B. suis*

（贺亚玲）

附录 2
分子生物学及形态学实验室规则与应急处理措施

一、医学形态学及分子生物学实验室规则

医学形态学及分子生物学实验是医学实验课程的重要组成部分之一，是验证理论、培养学生科学研究能力、进行基本技能训练的主要手段。而实验室是开展实验教学、科学研究和科技开发的场所。为保证实验教学的效果，所有实验室人员和进入实验室的人员均应遵守以下规则：

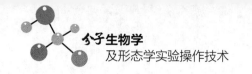

第一条：学校设立有专门的实验设备管理委员会，监督实验设备的审批、购置、管理和使用。实验室仪器设备应有专人负责保管维护、登记建账，要求账、卡、物齐全，并且有实验设备使用手册，便于使用。存放应该做到整洁有序，便于检查使用，必须注意防尘、防潮、防震、防火、防冻。实验室仪器设备、工具一般不得外借，特殊情况，必须经院（系）分管领导或实验室主任批准。

第二条：实验室负责人或指导教师必须对学生进行实验室规章制度教育。学生在实验课前要认真预习，明确实验的目的，熟悉实验所使用的药品和仪器设备，进入实验室后必须听从实验指导教师和实验室工作人员的安排，学生实验未经教师批准，不得事先连接电源。学生实验结果、实验记录必须由指导教师审阅，并待教师检查所用实验仪器设备无损坏后，方可清理桌面，整理好仪器离开实验室。

第三条：要爱护公有财产，珍惜仪器设备、标本、器材及药品，节约实验材料，遵守操作规程，认真记录实验数据。室内应保持整洁，实验中丢弃的废物或废液应分类收集、存放，并集中处理。每一位同学都要服从卫生值日安排，认真负责地做好实验室清洁卫生。

第四条：使用大型精密贵重仪器设备，必须先经过技术培训，经考核合格后方可上机操作使用，使用中要严格遵守操作规程，并认真填写设备使用记录。

第五条：实验室必须重视安全工作，加强对易爆、易燃和有腐蚀、有毒危险物品的管理，做到领用有手续、使用有记录。凡危险性实验，必须落实安全防范措施，严防一切事故的发生。实验多余的危险品要及时上交或妥善保管，不得过量存放。

第六条：实验时，仪器设备如有损坏，要及时报告登记，一旦发生事故，要及时采取措施，迅速如实地向有关部门报告，并保护现场，认真分析事故原因。

第七条：在实验室内应严格遵守纪律，不得随意拆卸仪器，搬弄标本、模型。不得在有标签的试剂瓶、标本上涂字、乱画，以免造成错误，引起严重后果。实验室要保持安静、卫生、整洁，严禁在实验室内吃东西、随地吐痰、打闹嬉戏和高声喧哗。

第八条：实验室的工作人员，要加强岗位责任制，定期检查仪器设备，保证仪器设备处于正常状态，发现仪器损坏要及时报修。

第九条：实验室应建立安全值班制度。每次实验完毕或下班前，要做好整理工作，关闭电源、水源、气源和门窗。实验指导教师要配合值班人员进行安全检查。

第十条：对违反本规则和有关规章制度所造成的事故和损失，要追究当事人的责任，并视情节给予严肃处理。

二、实验室意外应急处理措施

1. 皮肤刺伤，切割伤和擦伤：受伤人员应当脱下实验服，清洗双手，尽可能挤出损伤处的血液，除尽异物，用肥皂和清水冲洗伤口或污损的皮肤。如果黏膜破损，就应用生理盐水（或清水）反复冲洗。伤口应用适当的皮肤消毒剂（如75%酒精溶液、0.2%次氯酸钠溶液、0.2%～0.5%过氧乙酸溶液、0.5%聚维酮碘溶液等）浸泡或涂抹消毒；必要时进行医学处理。

2. 化学药品腐蚀伤：若为强酸腐蚀，先用大量清水冲洗，再以5%碳酸氢钠溶液或 5％氢氧化铵溶液中和。若为强碱腐蚀，则先用大量清水冲洗，然后再以 5％醋酸溶液或 5％硼酸溶液洗涤中和。

3. 眼睛溅入液体：立即用生理盐水连续冲洗至少 10min，避免揉擦眼睛，然后进行相应的医学处理。

4. 衣物污染：

(1) 尽快脱掉实验服以防止污染物污染皮肤并进一步扩散，然后洗手并更换实验服。

(2) 对污染的实验服高压蒸汽灭菌。

(3) 清理发生污染及潜在污染的地方。

(4) 如果个人衣物被污染，应立即将污染处浸入消毒剂，并更换干净的衣物或一次性衣物。

5. 误吸入病原菌菌液：立即将误吸的病原菌菌液吐入垃圾桶内，并用大量清水漱口，然后根据不同病原菌，服用相应抗菌药物予以预防（在医生的指导下进行），同时对垃圾桶实施消毒。

6. 菌液溢洒实验台面：应倾倒适量来苏尔浸泡台面，半小时后用抹布抹去。若手上沾有活菌，亦应浸泡于来苏尔中 10min，然后再以肥皂及水清洗干净。

7. 容器破碎及感染性物质的溢出：破碎的容器和被溅洒的地方用经消毒剂浸泡的吸水性物质（布、纸等）覆盖，消毒剂作用 10~15min 后，以可行的方法移走吸水性物质和破碎的容器（玻璃碎片应用镊子清理），这些吸水性物质和破碎的容器应当放在盛放感染性废弃物的容器内，高压灭菌或用有效的消毒剂浸泡，然后再用消毒剂冲洗清理被污染的地方。在所有这些操作过程中都应戴手套。

8. 实验书籍、表格或其他打印或手写材料被污染：应将这些信息复制，并将原件置于盛放污染性废弃物的容器内，进行高压灭菌处理。

9. 在生物安全柜以外发生有潜在危害性的气溶胶释放：所有人员必须立即撤离相关区域，并通知实验室负责人，任何暴露人员都应接受医学咨询。为了使气溶胶排出和较大的粒子沉降，在一定时间内（如 1h 内）严禁人员进入相关区域。如果实验室没有中央通风系统，则应推迟进入相关区域（如 24h），并张贴"禁止进入"的标志。过了规定时间后，在相关人员的指导下清除污染。

10. 严防火灾：如发生火灾应沉着处理，切勿慌张。立即关闭电源，如系酒精溶液、二甲苯、乙醚等起火，切忌用水，应迅速用沾水的布类和沙土覆盖扑火。

11. 感染的实验动物逃跑：应及时报告，随即启动应急预案，进行处置。实验人员在做好个人防护的前提下，尽早抓回逃跑动物，并对污染区进行处理。

（白大章）